THE TOYOTA WAY

トヨタ式
稼ぐ社員
がやっている
すごい！
７つの仕事術

Teruya Kuwabara
桑原晃弥

JN065380

かや書房

はじめに

トヨタの稼ぐ力は、「いかにムダな仕事をやらないか」にあり

トヨタ自動車の２０２４年3月期の決算数字がすごいことになっている。世界販売台数は１１０９万台に達し、売上高は45兆９５３億円、営業利益は5兆３５２９億円と、前年の2兆９９５６億円の1・8倍となっているのだ。

かねてよりテスラより「低い」と言われ続けていた時価総額も60兆円前後で推移し、日本企業としては最高水準にある。こうした数字には円安などが起因しているのも事実だが、２００８年のリーマンショックによって、４６１０億円の赤字（営業赤字は59年ぶり、最終赤字は71年ぶり）に転落したトヨタが、そこから十数年で5兆３５２９億円と、日本企業として初の5兆円超えとなる高収益を記録したのは、素晴らしいとしか言いようがない。

トヨタの「稼ぐ力」はかねてより言われてきたことだが、どちらかと言えば

ちょっと批判的な、皮肉交じりの声が聞こえてくることが多かった。円安の効果であったり、あるいは協力会社に値下げを求めることを「改善」と呼ぶことで収益を上げているという見方も目についた。

しかし、それだけで90年近くもの間、ほとんど赤字を出すことなくやっていけるものではない。

10年、20年であれば増収増益を続ける企業はあるし、赤字を出すことなく経営を続けている企業もあるだろう。しかしトヨタのように世界と戦いながら、トヨタほどの規模で利益を生み続けるというのは驚くべきことだ。

パナソニックの創業者・松下幸之助も京セラの創業者・稲盛和夫も、企業の使命の一つとしてしっかりと利益を出して、税金を納めることを標榜《ひょうぼう》していた。

たしかに企業というのは成長し続けなければならないし、雇用も守らなければならない。しかし何より大切なのは、しっかりと利益を出すことだ。だとすれば、トヨタの「稼ぐ力」「稼ぎ続ける力」はもっと注目されていいし、もっと参考にされてもいい。

では、トヨタの「稼ぐ力」の原点は何かというと、**「必要なものを、必要な時に、**

必要なだけつくる」という「徹底したムダの排除」にある。

戦後間もない時期に創業者の豊田喜一郎が「3年でアメリカに追いつけ」と号令をかけた時、ほとんどの人は「それは不可能」と思い込んだ。

しかし、トヨタ生産方式の生みの親・大野耐一はアメリカと日本の生産性の大きな差に目を向けて、「体格の差があるとはいえ、アメリカ人が日本人の8倍も9倍も働くわけではない。それだけ差があるというのは、日本人は大きなムダをしているのではないだろうか。だとしたら、このムダを省けば、きっと日本人もアメリカ人に追いつける」と考え、それが「トヨタ生産方式」へとつながった。

以来、トヨタは日々の仕事の中に潜む「ムダ」を1つ2つと省く「改善」を営々と続けることで、世界一の座へと上り詰めている。

にもかかわらず、日本の労働生産性はOECD38カ国中30位で、いまだ低いままだ。生産性の低さが競争力の低下を招き、結果、働いても「賃金が低いまま」の状態が長く続いている。だとすれば、見るべきはトヨタの利益の大きさではなく、「なぜトヨタは高収益を生み出し続けることができるのか」である。

トヨタがやっていることは、普通に考えれば当たり前のことばかりである。

例えば「アイデアがあれば、すぐやってみる」「『やる』ではなく『やり切る』」「トライ&エラーを恐れない」などは、どの企業でも言われていることだ。しかしトヨタが違うのは、そんな当たり前のことを**何十年にも渡ってやり続けている点にある。**

本書で紹介しているのは、トヨタという企業が誕生して以降、特に1950年に倒産の危機を迎えて以降の「仕事のやり方」や「行動の仕方」「考え方」「もののつくり方」などである。こうしたやり方を身につけ、習慣化することができれば、誰でも「稼ぐ人」「稼ぎ続ける人」になることができる。

本書を読み、「なるほど」と感じることがあったら、是非やってみてほしい。きっと成長の糧《かて》になるはずだ。本書がみなさまのお役に立つことが少しでもあれば、これに勝る幸せはない。

本書の執筆には、かや書房の岩尾悟志氏にご尽力いただきました。心より感謝申し上げます。

桑原晃弥

トヨタ式 稼ぐ社員がやっている すごい！7つの仕事術

目次

第4章 トヨタ式 稼ぐ社員がやっている「見える化」の法則

第5章 トヨタ式 稼ぐ社員がやっている「メンタル育成術」

第6章 トヨタ式 稼ぐ社員がやっている「投資術」

装丁●冨田晃司

本書の執筆にあたっては下記の書籍や雑誌を参考にさせていただきました。厚くお礼申し上げます。また、多くの新聞やウェブサイトも参照させていただきましたが、煩瑣を避けて割愛させていただきます。

◎参考文献

『トヨタ生産方式』大野耐一著　ダイヤモンド社

『大野耐一の現場経営』大野耐一著　日本能率協会マネジメントセンター

『豊田章男』片山修著、東洋経済新報社

『トヨタ式人づくりモノづくり』若松義人、近藤哲夫著　ダイヤモンド社

『「トヨタ式」究極の実践』若松義人著　ダイヤモンド社

『使える！トヨタ式』若松義人著、ＰＨＰ研究所

『ザ・トヨタウェイ』ジェフリー・Ｋ・ライカー著　稲垣公夫訳　日経ＢＰ社

『誰も知らないトヨタ』片山修著　幻冬舎

『トヨタの方式』片山修著　小学館文庫

『常に時流に先んずべし』ＰＨＰ研究所編　ＰＨＰ研究所

『豊田英二語録』豊田英二研究会編　小学館文庫

『トヨタ経営システムの研究』日野三十四著　ダイヤモンド社

『トヨタ式仕事の教科書』プレジデント編集部編　プレジデント社

『トヨタシステムの原点』下川浩一、藤本隆宏編著　文眞堂

『トヨタ新現場主義経営』朝日新聞社著　朝日新聞出版

『トヨタ生産方式を創った男』野口恒著　ＣＣＣメディアハウス

『トヨタの世界』中日新聞社経済部編著　中日新聞社

『人間発見私の経営哲学』日本経済新聞社編　日経ビジネス人文庫

『ザ・ハウス・オブ・トヨタ』佐藤正明著、文藝春秋

『トヨタはどうやってレクサスを創ったのか』高木晴夫著、ダイヤモンド社

『レクサストヨタの挑戦』長谷川洋三著、日本経済新聞社

『自分の城は自分で守れ』石田退三著、講談社

「工場管理」１９９０年８月号

『週刊東洋経済』2006年1月21日号、2016年4月9日号、2018年3月10日号、2018年11月10日号、2019年3月16日号

『週刊ダイヤモンド』2002年12月7日号

『日経ビジネス』2000年9月18日号、2008年1月7日号

「日経ビジネス　アソシエ」2004年11月16日号

これら参考文献以上に私にトヨタ式の素晴らしさ、人間の知恵の凄さを教えて下さった故若松義人さんに感謝の念を捧げます。

第1章

トヨタ式
稼ぐ社員がやっている「すぐやる仕事術」

第1話

ムダな報告書を一瞬でやめる方法

すべての報告書をいったんやめて、本当に必要なものだけ復活させる

現場の責任者の口からしばしば出るのが「忙しすぎて現場を見る時間がない」だ。

本来、現場に出て、現場の改善を行ったり、現場の社員を指導したりするのが仕事であるにもかかわらず、現実には会議や報告などの書類仕事に時間を取られ、現場に行くことができないというわけだ。

経営学者のピーター・ドラッカーは、ある組織の改革に向けて、「あらゆる報告を2カ月間廃止して、現場がどうしても必要だというものだけを復活させよう」と提案したことがある。すると、4分の3は不要で、残りの4分の1で用は足りることになった。

パナソニックの創業者・松下幸之助もかつて、営業所や事業所から本社に上がってくる報告書が240もあると聞いて驚き、「明日会社が潰れると困るから、それは残すとして、それ以外は全部やめてしまってはどうか」と

一度やめてみると「不要」が分かる

机の上も
パソコンも
報告書
だらけだ…
2カ月間
報告書は
「不要」とする
わかりました
ほとんどの
報告書は「不要」
だったんだ

提案した。結果、残ったのは42種類だったというから、企業にはどれほど不要な報告書や手続きが多いかがよく分かる。

トヨタ式にも、「書類は家に持って帰れるが、現場は家に持って帰れない」という言い方がある。実際には書類を家に持ち帰るのは難しいが、それほどまでに「現場に出る」のは大切という意味だ。

報告書や手続きは本来、時間や労力を節約するために使うべきものだが、あまりに多すぎると、**それは「道具ではなく支配者」となる。**現場に出る時間を奪うほどの書類作成のムダは、今すぐに見直したほうがいい。

第2話

ムダな仕事とそうでない仕事を見分ける方法

「付随作業」を減らし、「正味作業」の比率を高める

毎日、夜遅くまで残業をして、土日も出勤して一生懸命働いているにもかかわらず、儲からない企業がある。思うような成果が上がらない人がいる。なぜだろうか?

たとえば、トヨタ式の見方で生産現場を細かく観察すると、動作は「作業」と「ムダ」に分かれる。さらに作業は「正味作業」と「付随作業」に細かく分かれる。

◎ムダ……原価のみを高める動作。付加価値を高めない、色々な現象や結果のこと。

◎付随作業……付加価値のつかない作業。本来はムダと言えるが、現在の作業条件ではやらなければならないものが多い。たとえば、段取り替えや部品を倉庫に取りに行く作業や、包装を解く作業。営業職なら訪問先を訪ねるための移動も付随作業と言える。

◎正味作業……付加価値を高める作業。

私たちは皆、一生懸命仕事をしているわけ

工夫と改善で正味作業を増やす

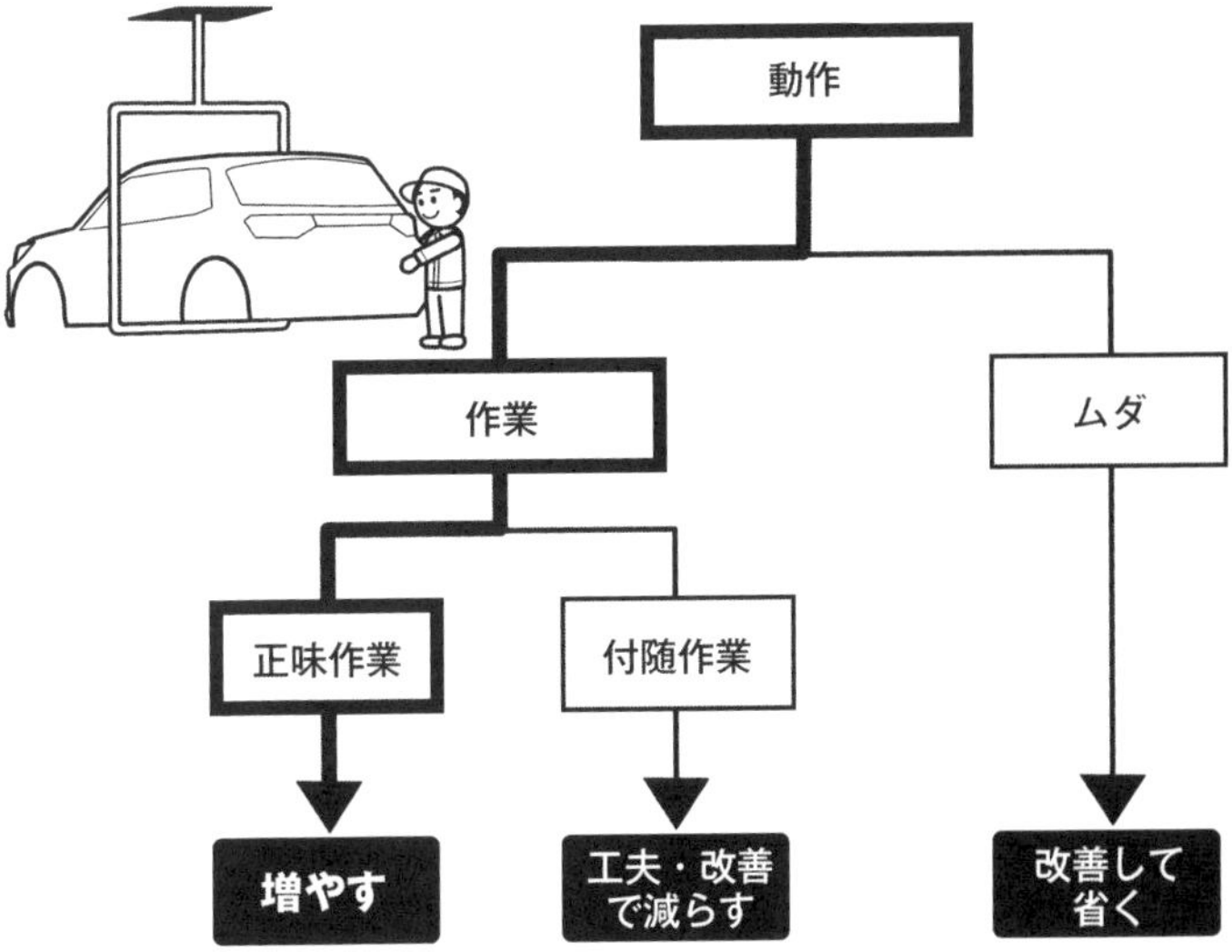

だが、中身はこの3つに分けることができ、「正味作業」の占める比率が極端に少ない場合、どんなに一生懸命動いたとしても、付加価値を生む「働き」になることはない。これでは成果も上がらなければ、企業として利益を生むこともない。

そうならないためには、トヨタ式で言うところの「動きを働きにする」ことが必要で、ムダを省き、改善によって付随作業を減らし、正味作業の比率を高める努力が欠かせない。

「がんばっているのに儲からない」と嘆く前に、まずは今やっていることを「ムダかムダじゃないのか?」という目で見直してみることだ。

第3話 人間を「機械の番人」にしない

「機械の仕事」と「人間の仕事」を見極める

トヨタ式の特徴の一つは、「人間の仕事」と「機械の仕事」をきちんと分けることで、人間には人間にしかできない仕事をやってもらおう、という点にある。中途半端な機械化で人間を「機械の番人」にするようなことをしないのだ。

A旅館は日本でも有数の優れた接客で知られている。食事はすべて「部屋出し」であり、客室係がお客さまのタイミングを見ながら食事を提供するのも売りの一つだ。しかし、かつては客室係がお膳などを持って階段を上り下りしており、大変な重労働だった。そこで、A旅館は大金を投じて料理搬送システムを導入した。同業他社の中には「バカげた投資だ」と冷ややかに見るところも多かったが、効果は絶大だった。それまで料理を運ぶのに必要だった30人分の労力は4分の1になった。

しかし、経営者は「人減らし」に向かうの

人にしかできない「サービス」と機械ができる「作業」を組み合わせる

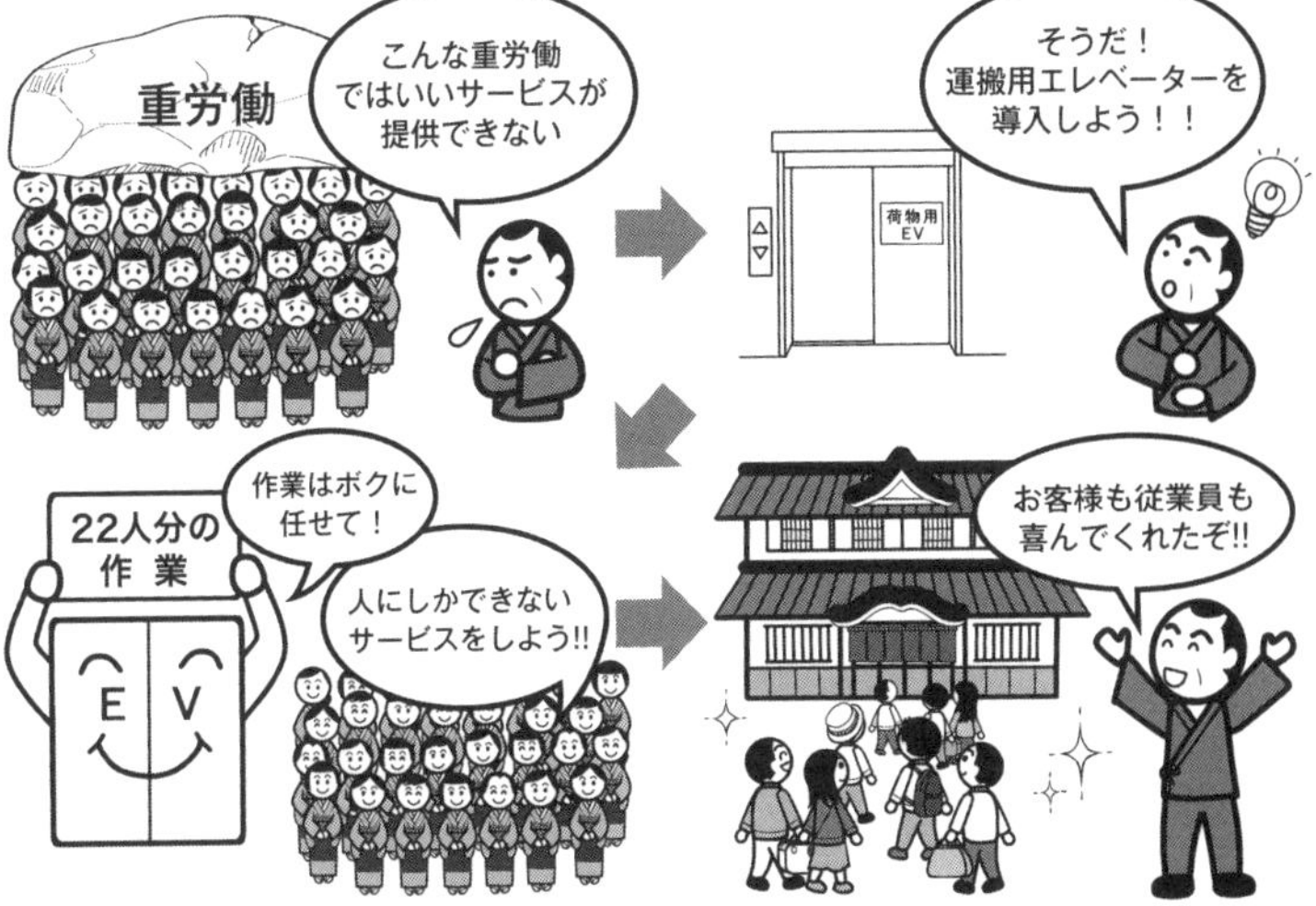

ではなく、客室係の時間をサービスに向けることで、「感動を呼ぶほどのサービス」を実現、旅館の評価は一気に高まった。

機械化やＡＩ化にお金をかけた割には人も減らず、売上も伸びず、利益が減るというのはよくある話だ。

大切なのは「機械の仕事」と「人間の仕事」をきちんと分けたうえで、人間にしかできない仕事をしてもらうこと。人間は機械の代わりではなく、機械の番人でもない。優れたサービスの提供や、知恵を出して働くこと。

人間には人間にしかできない仕事をしてもらうというのがトヨタ式の考えだ。

第4話

在庫は「罪庫」。多すぎる在庫は諸悪の根源

「必要なものを必要な時に必要なだけ」を徹底せよ

トヨタに関するニュースでよく目にするのが、「生産を停止する」というものだ。

たとえば、協力会社の工場で火災が起こり、部品の供給が滞るとトヨタ本体の生産はすぐに止まってしまう。

そこでネット上では「トヨタは在庫を持たなすぎ」という声が溢れるのだが、トヨタ式の基本は「必要なものを必要な時に必要なだけ」にあり、必要以上の在庫を持たないのだ。

しかし、「何かあった時のために」と大量の部品や部材を抱え、製品をつくり置きしたとしたら何が起きるだろうか？

在庫を必要以上に持つと、そのために倉庫が必要になるし、人も必要になる。製品をつくるためにはエネルギーも必要だし、何よりお金がかかる。倉庫に積み上げられた部品や部材、製品が劣化して使えなくなる恐れもある。加えて、在庫は経理上「資産」だから、

在庫は「罪庫」

決算上は黒字であっても肝心の現金がないということにもなりかねない。**多すぎる在庫は「罪庫」**なのだ。

それよりも在庫はできるだけ少なくして、何か起きた時には早急に問題を解決する力をつけたほうがいい。

事実、阪神や東日本の大震災の時にもトヨタはグループ総力を挙げて復旧にあたり、早期に正常化させている。

世の中には大量の在庫を見て「これだけあれば安心だ」と思う経営者も多いが、「つくる力」を磨き、「問題を解決する力」をつけさえすれば、多すぎる在庫は必要ない。

第5話

商品価格をムダに引き上げてしまう「7つのムダ」

ムダな仕事が多いと、その分、価格に転嫁せざるをえなくなる

私たちが仕事と思ってやっていることの中には、たくさんの「ムダ」が潜んでいるというのがトヨタの考え方だ。

例えば、生産現場のムダは「つくりすぎのムダ」「不良品・手直しのムダ」「手待ちのムダ」である。一方、間接部門にも①根回しのムダ②会議のムダ③資料のムダ④調整のムダ⑤上司のプライドのムダ⑥マンネリのムダ⑦ごっこのムダ、という7つのムダがあるという。

心当たりのある企業は多いと思うが、なかでも注意したいのが「会議のムダ」と「資料のムダ」だ。会議なら「本当に開く意味はあるのか？」「本当にそんなにたくさんの人が出席しなければならないのか？」といった点から見直す。資料づくりも、わずか1回や2回の会議のためだけのデータのグラフ化などのムダな作業はやめる。

トヨタ生産方式の生みの親・大野耐一が健

間接部門の７つのムダ

①<根回しのムダ>
会議で賛成してくれ
②<会議のムダ>
参加する必要ある？
③<資料のムダ>
一度の会議のために…もったいない
④<調整のムダ>
事前に調整しよう
⑤<上司のプライドのムダ>
さすが！
パチパチ
⑥<マンネリのムダ>
いつも通りでいい
⑦<ごっこのムダ>
できるって言わないとめんどくさいからなァ
できます!
できるよな!

在だった頃の話だ。ある部署の残業が多いため大野が見に行ったところ、間近に迫った改善発表会のための資料づくりに追われていた。それを見た大野は、「ムダを省くために改善をしておきながら、その資料づくりのために残業するというのはどういうことか」と迫った。ムダな仕事が増えれば、その分、車の価格は高くなる。

今やっている仕事の一つひとつについて、「これは何のため」「誰の役に立っているのか」と問いかける。そこにムダがあれば、すぐに省かなければならないし、「すぐに」が難しいなら、改善をすることでその仕事をなくすことだ。

第6話

「誰のため」「何のため」がわからない仕事は、今すぐやめる

「お客様不在」の仕事をやらない

トヨタ式に「前工程は神様、後工程はお客様」という言い方がある。自分の仕事のひとつ前の工程を担当する人は、自分ができないことをしてくれる神様であり、後の工程の担当者は大事なお客様だと思いなさい、という意味だ。一般的に「お客様」というと、お金を払ってくれる人というイメージだが、自分の仕事を受け取ってより良く加工したり、運んだりしてくれる人もすべて「お客様」というのがトヨタの考え方だ。しかし、世の中には肝心の「お客様」が存在しない仕事（トヨタ式はこれを「ムダ」と呼ぶ）がある。

ある企業の創業者Aさんが、自社の株式を公開した時の話だ。Aさんは経理担当者に「毎日の自社の株の売買数などを書類で報告してほしい」と依頼した。

最初は熱心に報告書に目を通していたAさんだが、数カ月もすると関心は薄れ、「もう

その仕事、本当に必要？

株式売買の報告を
毎日頼む
わかりました
社長
もう報告は
届けなくていい
社長
社長、報告書は
「毎日」作っていますので
何かあればおっしゃって
ください
<3カ月後>
はっきり
「必要ない」と
言うべきだった
3カ月もムダな
仕事をやらせて
しまった……

届けなくていいよ」と伝えた。それから数年が経ち、Aさんが担当部署の部長と雑談をしていたところ、「社長、最近は例の報告書をご覧になっていませんが、毎日、つくっていますから必要ならいつでも言ってください」と言われ、Aさんは驚いた。確かに「届けなくていい」とは言ったが、「つくらなくていい」とは言わなかった。Aさんは反省した。

このように「お客様」のいない仕事はムダになる。仕事は常に「誰のため」「何のため」を問いかけて、「お客様」のいない仕事は今すぐやめる。

仕事は「何となく」ではなく、常に意味を問いながらやるほうが成果につながるのだ。

第7話

部下のがんばりを「汗の量」「残業時間」で評価しない

汗や残業が、本当に成果につながっているのかを客観的にみる

部下を評価する時に、上司がつい見てしまうのが「汗の量」や「働く時間の長さ」である。汗を流しながら働く部下を見て、「がんばっているなあ」と満足し、夜遅くまで残業する部下の姿を見て、「遅くまでがんばってくれているなあ」と感激する。

しかし、その汗や残業は本当に「成果」につながり、「利益」を生んでいるのだろうか？

大野耐一がある協力会社の工場を見て回っていると、エンジンの組付け場で一人の社員が重いエンジンブロックを持ち上げるという動作をしていた。かなりの重さだけに、汗をかきながらの作業である。大野が「彼はなぜあんなに汗をかきかき作業をしているんだ」と尋ねると、職長は「どうです、がんばっているでしょう」と誇らしげに答えた。

すると、大野が「どうしてブロックを持ち上げるような作業をさせるんだ。おかしい

ムダな「がんばり」をやめさせる

会社のために
がんばってます
エッ!?
バカ者!!
なぜあんな仕事を
させている!?
コンベアが
壊れてました
はい！
部下の無理や
ムダを改善するのが
君の仕事だ

じゃないか、ちょっと見てこい」と怒ったので、職長が慌てて社員のところに行き、事情を聞いた。すると何日か前にローラー・コンベアが壊れたため、仕方なしに持ち上げているということが分かった。大野は職長をこう叱りつけた。

「お前は毎日現場にいるのに、何を見ているんだ。汗をかきながらブロックを持ち上げるのは人間の仕事じゃないだろう。部下が困っていないか、無理をしていないか、ムダなことをしていないのか、を見て改善するのがお前の仕事だろう」

見るべきは仕事の進み具合であり、汗でも時間の長さでもないのだ。

第8話

部下にムダな時間を使わせないために心得ておくべきこと

時間の「長さ」ではなく、「いかに有効に使っているか」を評価する

何年か前、学生時代に立ち上げた会社の経営をやりつつ、大手企業で働いている人と話したことがある。その人は日々の自身の時間の使い方を記録して、「ムダな時間の使い方をしていないか」「もっと上手に時間を使えないか」と改善し続けていた。

成果を上げるためには、限りある時間の使い方がポイントになる。トヨタの元社長・豊田英二が言い続けていたのは「時は命なり」だ。管理職に対して、こんな話をしていた。

「われわれは自分の時間を有効に使って、持ち味を生かしつつ最大の能力を発揮することには真剣に努力するものですが、部下の時間の使わせ方については、案外軽く見がちなものです。部下は、上司の命令によって大きな制約を受けることが多いので、上司の命令が不適切な場合、部下は時間のムダ使い、すなわち命の浪費になりかねないのです。管理者

時は「命」なり

部下の時間を無駄にする会社
部下の時間を有効に使う会社
がんばってるな
今日はいったん帰ろう
明日、時間の使い方について話し合おう

はこの責任の重大さをよく認識し、部下の命を預かっているからには、時間の使わせ方に行き届いた配慮をされるようお願いする次第です」

「時は金なり」はよく言うが、「時は命なり」と言う人はまずいない。

しかし考えてみれば、誰にとっても限りある時間をどのように使うか、どう生かすかで人の生き方も成果も、手にするお金も変わってくる。

部下にムダな仕事をさせることは、お金の浪費であり命の浪費だ。その意味でも上司が見るべきは「時間の長さ」ではなく、「時間をいかに有効に使っているか」なのだ。

第9話

トヨタには、ものを探している人がいない

「探す」「運ぶ」「動かす」「拭く」は仕事ではない

「動きを働きに変えていく」ためには、仕事の中にたくさん潜む「ムダ」を省くことが欠かせないが、その際、「ムダとは何か?」に対する共通認識が欠けていると、ムダどりも改善も進まなくなる。

ただ「ムダ」に対する考え方は人によってバラバラで、なかには「仕事にはムダも必要だ」と考える人もいる。そこで、チームや組織で取り組む際には、まず「ムダとは何か」を統一するところから始めることだ。

たとえば、机の上や引き出しの整理整頓ができていないと、「ものを探す」時間が多くなりがちだが、それをなくすためには、「ものを探す」といった「付加価値を生まない作業はムダである」という意思統一を行うことだ。

ある企業の経営者がトヨタの工場を見学して驚いたのは、「トヨタにはものを探してい

「ムダ」をなくすには「ムダ」が何かを認識することが大事

探す
アレがない!!
動かす
動かさないと
取れないぞ
ムダ
運ぶ
まずは
どかさないと
見つからない
拭く
在庫がホコリ
だらけだ

る人が誰もいない」ことだった。一方、自社では倉庫の中はもちろん、工場の外にも部材が山と積まれ、その中から「あれはどこだ」と探しては運び、汚れを拭き取っていた。

付加価値は部材を加工することで生まれる。しかし、その前の「探す」「運ぶ」「動かす」「拭く」といったたくさんの「ムダ」や「付随作業」があり、「これも仕事」と考えていたわけだから、一生懸命動いても「儲かる」はずがなかった。

まずは、「ムダとは何か」を意思統一しよう。それが、「稼ぐ組織」に変わるためのスタートでもある。

第10話

常に「今の半分の人数で」「半分のお金で」できないかを考える

組織に巣くう「当たり前」を見直す

企業で「しょうじんか」というと、たいていの人が思い浮かべるのは「省人化」だが、トヨタ式では「少人化」となる。「少人化」というのは、仕事のムダを省き、標準作業の改善などを行うことで、「より少ない人でも同じ量の仕事ができるようにする」ことだ。

１９６０年代半ば、「カローラ」が好評でとてもよく売れた。立ち上がりは５０００台ぐらいだろうと予想した現場の責任者・大野耐一はエンジン担当の課長に「５０００台を１００人以下でつくるように」と指示した。３カ月後、80人でつくれるようになった。

しばらくすると増産が必要になり、大野が課長に「１万台は何人でつくれるか？」と質問したところ、「１６０人でつくれます」という答えが返ってきた。これを聞いて大野は激怒した。量が倍だから人も倍になるでは、何の知恵も工夫もないからだ。徹底してムダ

「省人化」と「少人化」の違い

を省き、創意工夫して、より少ない人数でつくれるようにするのが仕事だろうというのが大野の考えだった。しばらくして課長は、1万台を100人でつくれるよう改善した。

この考え方は受け継がれ、奥田碩が社長の時代に、1車種の開発に150人必要なことを承知のうえで、「20～30人でできないだろうか」と提案している。これをきっかけに工夫を積み重ねることで、より少ない人数で、よりスピーディーな仕事をするようになったという。「この仕事にはこれだけの人とお金と時間が必要だ」という思い込みを捨て、「半分でできないか」と考えてみる。その積み重ねが少人化を可能にし、稼ぐ組織をつくる。

第11話

「選ぶ」「判断する」をなくす

「ミスしたくてもできないやり方」を考える

ある大手企業の生産子会社で働くAさんの話だ。Aさんは、のちにトヨタ生産方式を導入するためのリーダーとして辣腕《らつわん》を振るうことになるが、そのきっかけとなったのはアメリカ時代の経験が関係している。

若き日、Aさんは1年の半分をOEMの仕事でアメリカに出張していた。品質保証部隊のリーダーと言えば聞こえはいいが、結局のところ、品質トラブルの手直しがほとんどだった。

忙しいけれども利益につながらない仕事に追われながら、Aさんは「なぜ品質トラブルが起きるのか?」について考えるようになった。結果、行きついたのが「最初からミスをしないものづくりができないか」だった。ミスを「人間のやることだから仕方がない」と諦めるのではなく、原因を調べて、「ミスをしたくてもできないほどの改善」をする。

「選ぶ」「判断する」はミスの温床

作業の中から「選ぶ」「判断する」といった要素をなくし、手元に正しく並べられて届けられた部品を正しくセットすることに専念すれば、ミスはなくなる。Aさんたちの努力により手直しは大幅に減り、同社はムダのない、儲かる企業へと変わることができた。

せっかくつくったものに問題があり「手直し」をする、というのはムダの典型であり、いくらがんばったところで利益につながることはない。

利益を生む企業になるには、ムダを極力減らし「付加価値を生む仕事」を増やすことだ。自分たちの仕事が本当に付加価値を生む仕事になっているか、今一度点検してほしい。

第12話

トヨタの会議は「30分」

「1時間」から「30分」に変更するだけで、300時間のムダがなくなる

2020年のコロナ禍において、当時の社長・豊田章男は、間接部門のリモートワークにいち早く取り組んだ。その背景には、事務職や技術職の仕事にはたくさんムダがあるという思いがあったからだ。

章男は「会議のムダ」や、そのための「資料のムダ」などを日ごろから指摘しており、リモートワークを取り入れることで時間や場所のムダ、日程調整のムダなどを削減できると考えた。

トヨタの会議には、大きく2つの特徴がある。1つは「会議は30分」という時間設定の短さだ。

『トヨタの会議は30分』の著者・山本大平氏によると、管理職が会議にかける時間を1時間から30分に短縮するだけで、年間で300時間の差が生まれることになる。

「ものを探すムダ」もそうだが、「会議のムダ」

会議は「30分」と決めて参加する人も「厳選」する

この会議ボクに関係ないのに……
ムダだ……
ZZZ
会議は30分
意思疎通がしやすくなった
ムダがなくなったぞ
必要な人間だけの参加にしよう

も何の付加価値を生まないムダなので、一刻も早く削減することが稼ぐ力に直結する。

トヨタの会議に関して、もう一つ言われるのが、「侃々諤々《かんかんがくがく》の議論が活発に交わされる」ということだ。

会議のムダは、その時間の長さと同時に、「何も発言しない人が多い」「何も決まらない」という点も見逃してはならない。

「活発な議論が交わされる会議」「決めるための会議」にするには、参加する人、参加人数を厳選すること。そうすることで、会議はムダのない有意義なものに変わる。

第13話

ムダどりが効果的になる2つの方法

「今あるムダをとる」だけでなく「元から絶つ」方法を考える

事務機器メーカーのA社が「ゴミゼロ工場」に挑戦した時のことだ。ゴミゼロのためには、ゴミの分別などはできるだけ細かいほうがいい。ゴミは捨てればただのゴミだが、分別すれば大半が資源になるからだ。

とはいえ、生産現場の人たちは日々忙しく働いており、あまりに細かすぎる分別は負担をかけることになる。

それでも、さまざまな工夫を重ねることで捨てるゴミは格段に減った。しかし、「ゼロ」には程遠かった。そんな時、役員の一人が「ゴミゼロを簡単に達成する方法が分かるか?」とプロジェクトメンバーに問いかけた。

「そもそも、なぜこんなにたくさんのゴミが出るのか、調べてみたらどうだ」

ゴミを分類すれば、「出口のゴミ」と「入口のゴミ」の2種類になる。資源をムダなく利用し、分別を徹底することで「出口のゴミ」

お金を出してゴミを買っていませんか

いつも散らかってる…
そういえば…
あのゴミは
お金で買った
ものばかりだ
お金を出して
ゴミを買わない
ようにしよう！
過剰包装
不必要なモノ

を減らすだけでなく、そこから遡《さかのぼ》って「入口のゴミ」を減らすことができれば、ゴミはさらに減ることになる。

言われてメンバーが調べたところ、300近い原材料のほとんどは過剰に包装、梱包され、ゴミになっていた。いわば、「ゴミを、お金を出して買い、お金をかけて処分していた」のだ。同社は協力会社とも知恵を出し合いながら入口のゴミを大幅に減らすことに成功した。ムダどりは「ムダをなくせ」「経費の節約を」と掛け声だけでできるものではない。ムダを省くには源流に遡ることが欠かせないし、ムダを前に「なぜ」を問うことが欠かせないのだ。

第14話

過去のデータを整理している暇があったら、現場へ行け

現場で「今」を改善すれば、過去のデータなど必要ない

トヨタの社長を務めた張富士夫は、大野耐一の愛弟子の一人だが、最初の出会いから大野に「こんなことをする暇があったら現場を見てこい」と一喝されている。

当時、張は生産管理部で内外製決定の事務局の係長だった。主な仕事は内製の生産能力や原価を調べること。外注サプライヤーなどの価格も比較したうえで、工場でどのくらいの残業が必要になり、機械はどのくらい不足するのか、どれくらい外注に出さなければならないのかを予測することだった。

スムーズな生産のためには欠くことのできない大切な仕事だという自負があったが、作成した資料を大野に提出しても、大野は見ようともしない。そればかりか「バカな計算ばかりやって困ったものだ」と叱られる。

それでは現場が回らなくなると張たちは心配したが、大野は工場から要望のあった外注

「データ」よりも「現場」を見よ！

も平気で却下した。「これは大変なことになる」と見ていると、工場はいつの間にか工程改善などを行い、外注していたものが中でできるようになっていった。

大野は言った。「なぜ過去の実績がそのまま将来のベースになるのか。バカな計算をする暇があったら、現場に行って改善してこい。改善すれば過去の実績など意味がない」。

未来を予測する時、とかく過去のデータを参考にしがちだが、たしかに今を改善すれば未来は変わることになる。大切と信じる仕事の中にも、案外とムダなものがある。

自動車はつくるより、売るのが難しい

販売の神様

神谷正太郎《かみやしょうたろう》

(1898～1980)

トヨタという会社が世界一の自動車メーカーになることができたのは、トップの力だけではなく、トップを支える人々の中に傑出した人たちがいたからだといわれている。

本書に登場する石田退三も元々は「トヨタの大番頭」としてトヨタの始祖・豊田佐吉を支えた人物だが、トヨタの創業期に「販売の神様」として辣腕を振るったのが神谷正太郎である。神谷は三井物産を経て日本ゼネラルモーターズに入社、日本における販売の責任者として活躍したあと、創業者・豊田喜一郎に請われてトヨタに転じている。月給は日本ゼネラルモーターズの５分の１と厳しいものだったが、喜一郎の「泥にまみれても国のために国産車を育てよう」という情熱に惹かれて転職している。

トヨタが倒産の危機に瀕した１９５０年、神谷はトヨタ自動車販売の社長（自動車工業の社長が石田）に就任した。「1にユーザー、2にディーラー、3にメーカー」という「顧客第一」を掲げて月賦販売制度や全国のディーラー網の整備により売上を拡大、「販売の神様」と呼ばれる。また、周囲の反対を押し切って初めてクラウンをアメリカに輸出したり、国内に自動車教習所を設置するなど、数々の先駆的な挑戦によって、のちのトヨタの成長の基礎づくりに貢献している。

第2章

トヨタ式
稼ぐ社員がやっている「ムダどり改善法」

第15話

1時間の作業をわずか3分に縮める方法

動作を見直せば、仕事時間は自ずと短くなる

知恵を引き出すためには高い目標が欠かせないが、その代表格とも言えるのが1960年代にトヨタが取り組んだ「段取り替えを3分間にまで短縮してくれ」だ。

当時、トヨタの工場にはトヨタ生産方式が次々と導入されていたが、トヨタ式の「売れに合わせてものをつくる」うえで最大のネックとなったのが500トンプレスや1000トンプレスの金型の段取り替えに1時間以上かかることだった。段取り替えを行っている時には生産ラインが止まってしまう。大野耐一が理想とした「お客さまが店頭で1台ずつ異なる車を買うように、生産現場でも売れに合わせて1台ずつ異なる車をつくる」ためには、生産ラインが流れるように進むことが望ましい。しかし現実には、段取り替えに時間がかかり、その間、生産は止まっていた。

しかし、現場の懸命な努力により、段取り

「時短」のためには努力でなく知恵をしぼる

エッ!!
大野耐一
1時間の作業を3分に短縮してくれ！
「作業」を急ぐことしかできない人
知恵をしぼって「動作」を改善する人
やっと1時間に短縮したばかりなのに……
ムリに決まってる
そういえば接続に時間がかかっているんだから
接続部分をワンタッチ接続にすれば可能だ

替え時間はやがて1時間を切るようになった。ところが、大野はここでさらなる指示を出す。「3分間にまで短縮してくれ」と言うのだ。あまり無茶な要求だったが、プロジェクトのメンバーは、それぞれの段取りにさまざまな工夫をこらして「ワンタッチ段取り」に発展させることで目標を達成している。

「時間を短縮しろ」というと、人は作業を急がせようとするが、それではただの労働強化となる。トヨタ式は、「時間は動作の影」であり、動作を改善すれば時間は自ずと短くなると考える。時間は命令ではなく、知恵を使うことで短縮できるのだ。

第16話

トヨタ式 問題に直面した時の対処法

安易にお金をかけるのではなく、「真因」を突き止めろ

ある事務機器メーカーから、生産子会社の社長に就任したAさんの話だ。生産子会社のメイン事業は事務機器の生産だが、同時に工場のあるエリアでの販売も担当していた。

かつてそのエリアでの同社のシェアは圧倒的だったが、Aさんが社長に就任した頃にはライバル会社にシェアを逆転されるほど苦戦していた。

Aさんには「シェアを取り戻す」役割もあったため、担当者に解決策を提案させたところ、営業社員を倍にして営業活動を強化するという案が上ってきた。「広いエリアに対して人が足りない」というのが理由だった。

とはいえ、人を増やせば人件費も経費も増える。「それは本当に正しい解決なのか?」と疑問を感じたAさんは詳しく調べた。すると、営業社員の担当エリアが細かく決まっていないため、就業時間の多くを車での移動に

真因がわかれば、ムダなお金はかからない

とられ、1日に訪問する企業数が驚くほど少ないことが分かった。

「エリアが広くて人が足りない」ではなく「広いエリアを担当も決めずに訪問する計画性のなさ」が問題だったのだ。そこで、Aさんはエリア内の担当を決めたうえで飛び込み中心の訪問をやめ、紹介などをフルに活かした活動へと変更。さらに営業担当者を絞り込むことにした。結果、人を増やすのではなく、減らすことで売上を伸ばし、シェアを回復することに成功した。問題を前にしたら、安易にお金をかけるのではなく、まず「真因」を探る。そうすれば、より効果的にお金も使えるし、成果も上げられる。

第17話

「100点を目指す」のでなく「60点でいい」

「60点でいい」と割り切れば、お金をかけずに思い切ったチャレンジができる

改善に限らず、新しいことに挑戦するとか、何かを変える時、多くの人がためらうのは失敗への恐れがあるからだ。ある程度うまくいく計算が立ったとしても、そこに100%の確信がないと、人は躊躇《ちゅうちょ》してしまう。失敗をして責任を問われるのが嫌だからだ。

トヨタの若い社員も、しばしば実行を躊躇《ためら》うことがある。ある時、「あの工程を改善しろ」と上司から言われたにもかかわらず、つい実行を先延ばししていると、上司はこう言った。

「お前が何かやったところで、これ以上悪くなることはない。だから、心配しないで思い切ってやってみろ」

今の感覚だとやや乱暴に聞こえるかもしれないが、この言葉の背景にあるのは「何かを変える時は、最初から100点を目指すのではなく、60点でいい」という考え方だ。

最初から完璧を期すと、どうしても計画に

最初から100点を目指していては何もできない

時間がかかって、着手が遅くなる。すると、その分だけ問題も長引くことになる。

しかし、60点でいいと割り切れば、思い切って着手することができる。もちろん赤点では困るが、60点くらいなら、みんなの意見を聞きながらさらに改善すれば、やがて100点に近づくことができる。

トヨタ式が、最初にあまりお金をかけない小さな改善からスタートするのも、それなら簡単に始められるし、やり直しも抵抗なくできるからだ。お金をかけすぎないこと、それは、スピードというお金以上に貴重なものをもたらしてくれる。

第18話

部下には最初から答えを教えてはいけない

「わしの言う通りやるやつはバカで、やらんやつはもっとバカ。もっとうまくやるやつが利口」

お金をかけない改善の素晴らしい点は、最初の小さな改善に小さな知恵がつけられ、次の改善でさらなる知恵がつくことだ。大切なのは、少しの知恵でいいから「+αの知恵」をつける努力をすることだ。

では、「知恵を出して働く社員」を育てるためには何が必要かというと、上司は部下に「最初から答えを教えない」「指示に対して知恵をつけるように求める」ことだ。

大野耐一には鈴村喜久男という、右腕と呼べる存在がいた。しかし、鈴村には一つ欠点があった。部下を指導する際に、具体的なやり方を教えてしまうのだ。

そこで、大野は「お前は教育ママみたいに早くから解答を出すからいかん」と叱るわけだが、同時に鈴村の部下がその通りにやろうとすると、その部下をもこう叱った。

「わしの言う通りやるやつはバカで、やらんやつはもっとバカ。

上司の言った通りにやるのは「バカ」

わかりました！
改善してくれ
指示通りにできない
指示通りにやる
指示＋αの知恵でやる
もっとバカ
バカ
利口

やつはもっとバカ。もっとうまくやるやつが利口」

上司の指示通りにやって「バカ」と言われたら、今の時代なら間違いなくパワハラになるが、大野が言いたかったのは、上司の指示であれ、他部署の成功事例であれ、「そのままやる」のではなく、「もっとうまくいく方法はないかと考えよ」ということだった。

いつだって小さな自分なりの工夫や改善をする。その積み重ねが人を育て、会社に大きな利益をもたらすことになる。

第19話 稼ぐ社員は1つの課題に対して、解決案を複数出し比較検討する

目的は一つだが、手段はいくつもある

トヨタのケンタッキー工場で働いた経験のあるアメリカ人の話だ。1年後にあるものを導入する予定のプロジェクトがある場合、米国企業の多くは計画に3カ月かけてすぐに導入し、残りの9カ月は問題解決に費やす傾向にあるらしい。一方トヨタは、1年の多くを計画と準備に費やすものの、導入後に問題があるケースはほぼゼロだという。

つまり、トヨタは意思決定に至るプロセスにこだわり、この段階でさまざまな問題やアイデアを徹底的に検討する。だからこそ意思決定の質は高いものになり、そこからは大きな問題もなく、一気に進むことができる。

トヨタのこうした意思決定プロセスへのこだわりを示すものの一つが「目的は一つ、手段はいくつもある」だ。

トヨタの若手社員が、ある問題を解決しようとした時のことだ。「どうやって解決しよ

複数のアイデアを比較検討してこそ最善のアイデアにたどり着ける

うか」と考えるうちに素晴らしいアイデアを思いつき、上司に提案したところ、返ってきたのは「君は、このアイデア以外にどんなアイデアを考え、検討したんだ？」だった。若手社員は自分のアイデアに自信を持つあまり、他のアイデアを考え、比較検討するという大切なプロセスを怠っていたのだ。

どんな素晴らしいアイデアも、それよりパフォーマンスの良いアイデアがあったとしたら、失敗作になってしまう。

目的は一つでも手段はいくつもある。常に複数のアイデアを考え、効果やコスト、リスクなどを比較検討してこそ最善のアイデアにたどり着ける。

第20話 コスト削減に最も効果のある「ゼロを1つとって考えろ」

ありえない目標を掲げるからこそ大胆なアイデアが出る

トヨタが2008年のリーマンショックで大幅な赤字に転落した時の話だ。そこから目指したのは、「過去のピークに比べて7割の生産でも利益が出る体質にする」ことだった。そこで掲げられたのが「2分の1化、4分の1化」の取り組みだ。

たとえば、車に使う部品であれば、前の世代の車に使った部品よりも価格や体積、重量などを2分の1、あるいは4分の1にするというものだ。普通に考えれば、「そんなのできっこない」となりがちだが、不況にも負けない強い体質の企業になるためには、あえて「そんな無茶な」というほどの目標を掲げて取り組むことも必要だった。

トヨタがそんな無理難題をクリアする時の方法の一つが「ゼロを1つとれ」である。

1970年ごろ、ある車種のマイナーチェンジにあたり、その車の原価をグループ全体

人は「無理難題」に取り組んでこそ能力を発揮できる

で100万円低減することになった。

当時の自動車業界の常識では、その目標をクリアするために必要な設備投資は10億円だった。そこでプロジェクトのリーダーAさんは約半分の5億6000万円の予算で計画をつくり、大野耐一に提出した。すると、返ってきたのは「一桁多い。ゼロを1つとれ」というものだった。

あまりの難題に悩みに悩んだAさんだったが、製造時間の短縮などに成功、少ない予算で目標を達成することができた。潤沢な予算が可能にするのは当たり前の解決策だが、限られた予算なら知恵を絞るほかはない。創造性は、そんな制約の中でこそ発揮される。

第21話

あえて困る状況をつくり、知恵を引き出す

人は困らないと知恵が出ない

トヨタ式の基礎を築いた大野耐一の口ぐせは、「困らなければ知恵は出ない」だった。たしかに人は困ることがなければ何も変えようとはしないし、知恵を出そうとはしない。人が必死になって知恵を出すのは、困り果てた時というのが大野の考え方だった。だからこそ部下に対しても、あえて無理難題を課すことで知恵を引き出している。

大野がこう考えるようになったのは、

1950年、トヨタが倒産の危機に瀕《ひん》したことがきっかけだった。当時、トヨタは2000名近い社員を解雇しているが、リストラ直後に朝鮮戦争が勃発、朝鮮特需による大量のトラックの注文を米軍や警察予備隊から受注することになった。それまでトヨタは月に1000台のトラックを7000人でつくっていたが、大量の注文をさばくために1500台以上のトラックを5000人でつ

ピンチはチャンス

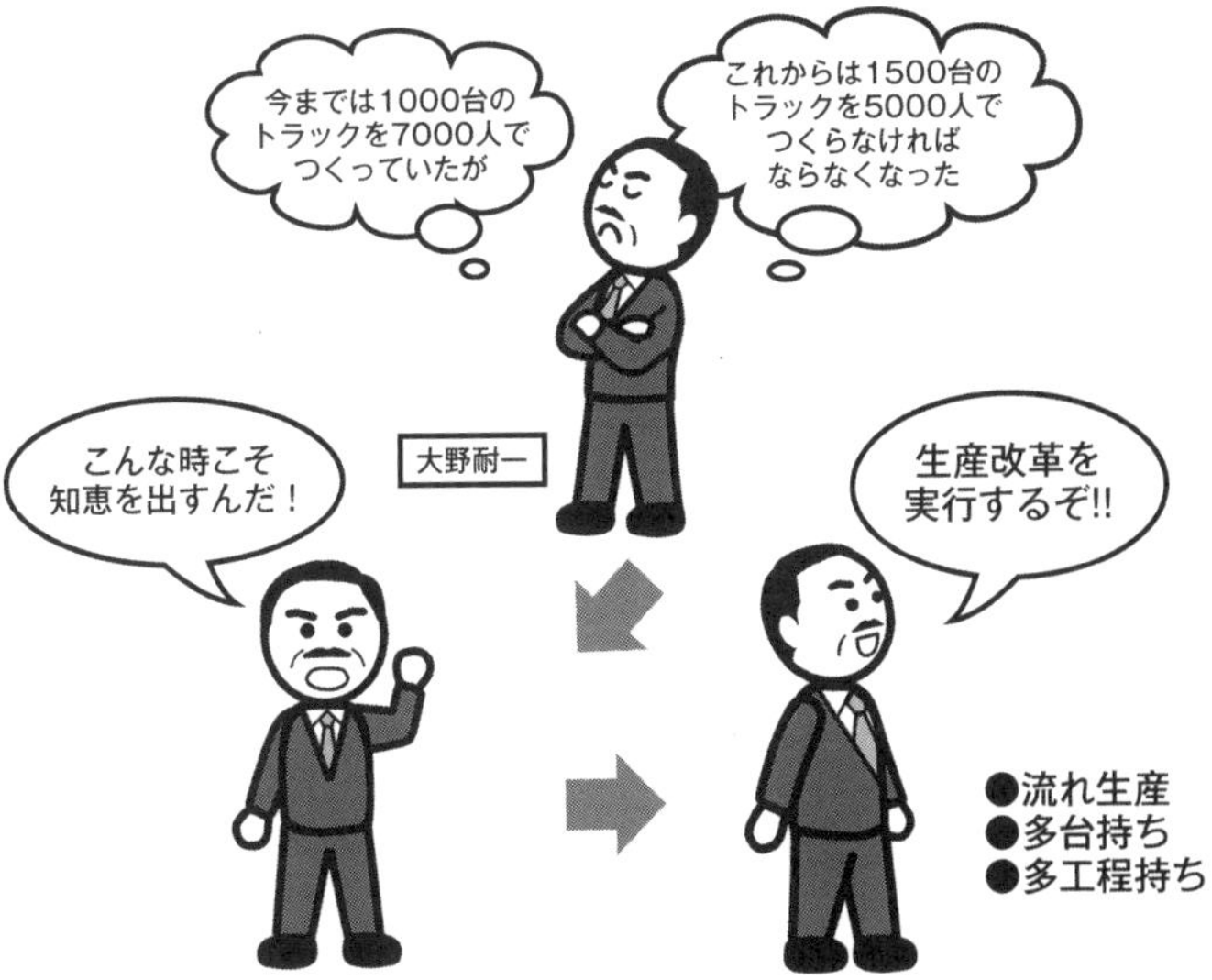
今までは1000台の
トラックを7000人で
つくっていたが
これからは1500台の
トラックを5000人で
つくらなければ
ならなくなった
大野耐一
こんな時こそ
知恵を出すんだ！
生産改革を
実行するぞ!!
●流れ生産
●多台持ち
●多工程持ち

くることが必要となった。

この難題の解決を任されたのが当時、本社で第二機械工場長を務めていた大野である。

大野は従業員に「残業してやってくれないか」と頼んだが、従業員は「残業させるくらいなら辞めさせた仲間を呼び戻せ」と言う。しかし、赤字企業のトヨタにそんな余裕はない。

困り果てた大野が考え抜いた末に編み出したのが、後のトヨタ式につながる「流れ生産」「多台持ち」「多工程持ち」だった。

この生産改革によって少ない人数で効率的にものをつくれるようになったトヨタは、やがて同業他社と「稼ぐ力」で大きな差をつけるようになっていく。

第22話

改善は「お金をかけない小さな改善」から始める

お金をかけて大掛かりにやっても、人が育たなければ本末転倒

あるトヨタ出身のコンサルタントはクライアントの工場の自働化について、「工具自働化」「工程自働化」「ライン自働化」「工場自働化」と24のステップを一つ一つ進めていくのを常としていた。

しかし経営者の中には、「途中はいいから、一気に工場を自働化してくれませんか」と言う人がいる。競争の激しい時代、一刻も早くつくり方を変えたい、という気持ちの表れだ。

トヨタ式で大切なのは、つくり方を変えるだけではなく、「知恵を出して働く人を育てる」ことである。設備は一夜にして変えられたとしても、人は一夜にして育つことはない。

そのためには、まず「お金をかけない小さな改善」から進めていくのが一番いい。

最初からお金をかけて大掛かりな改善をしてしまうと、見栄えはいいかもしれないが、それらは「与えられた設備」であり、働く人

設備は一夜で変えられても、人は一夜では育たない

は「指示された通りに動く」だけになってしまう。しかもお金をかけすぎると、仮に問題があったとして、やり直すのが難しくなってくる。

しかし、お金をかけない小さな改善なら、誰にでもできるし、問題があれば、もう一度改善すればいい。それがうまくいったら次の改善に進めばいい。

こうして時間はかかったとしても、ステップを踏むうちに働いている人たちは知恵を出すようになり、さまざまな工夫ができるようになる。改善には順番がある。

人を育て、強い企業になるためには、ある程度の時間も必要なのだ。

第23話

「改善ごっこ」に気をつけよ

自己満足の改善は、かえってコスト増につながることがある

お金を使って良くするのが「改良」であり、知恵を使って良くするのが「改善」だが、時には改善が「改善ごっこ」になることもあるだけに注意が肝要だ。

Ａクリニックは大変評判の良い病院で、いつもたくさんの患者さんが診察に訪れ、待合室は患者さんでごった返していた。大病院や人気のある病院では待ち時間は「当たり前」「仕方のないもの」というのが常識だが、Ａクリニックの院長は「医療はサービス業」という考えのもと、何とか解消できないかとトヨタ式の研究を続けていた。

そしてある時、院長は２００人あまりいる職員に何が良い方法はないかと改善案を出すよう求めた。

たとえば、①マッサージチェアを置いて自由に利用してもらう、②新聞や雑誌、本などを置いて退屈しないようにしてもらう、③お

「改善ごっこ」では問題は解決できない

茶やコーヒーを用意して自由に飲んでもらう、④車などで待つ人には診察時間が近づくとメールで連絡する、といった対策だった。たしかに一部の患者さんには好評だったが、肝心の待ち時間の短縮につながるものはなかった。

院長がトヨタ式のコンサルタントに相談したところ、これらはコストを高めるだけで問題の解決になっていない「改善ごっこ」と言われてしまった。そこから整理整頓やカルテを「かんばん」と見立てるといった改善に取り組み、時間は大幅に短縮されることになった。改善をやるのはいいことだが、自己満足の「改善ごっこ」で終わってはいけない。

第24話

ムダどりに不可欠な「重力と光はタダである」

重力と光を使えば、経費節減のアイデアは無限

「重力と光はタダである」とは、スズキの元社長・鈴木修の名言である。

電気やガスといったエネルギーは有料だが、重力と太陽は無料である。だから材料はコンベアの代わりに重力で落ちるようにすればいいし、蛍光灯の代わりに太陽の光で明るくなるように設計すれば、それだけ経費を抑えられるという考えを鈴木は持っていた。

トヨタ生産方式の生みの親・大野耐一も同じ考えだった。合理化は「理屈に合ったことをやる」ことであり、たとえば丸いものなら転がせばいいし、重いものには下にローラーをつけて転がせばいい。

さらにものは一気に運ぶのではなく、小さな単位で運ぶようにすれば1人でできるし時間も節約できる、と考えて実践していた。

こうした考え方は今も受け継がれている。

たとえば、鉄の丸い棒を2メートルくらい先

自然の力で労力とコストを省く

の作業者に渡す場合、運ぶとか取りに行くムダを省くために、作業者間に少しだけ傾斜のあるコロ付きの台を置く。

前工程は作業の終わったものを台の上に乗せれば、部品は勝手にコロコロと後工程の人のところに行くことになる。

あるいは、小さな部品で滑りやすいものなら、間にシューターを置いておけば、部品を乗せるだけで自然と次の工程に行くことになる。こうした簡単なものなら、自分たちでつくれるし、直すこともできる。電気代もかからず、運搬のムダも省くことができる。たくさんのお金を使わなくとも、知恵を出せばできることは案外あるものだ。

第25話 改善の第一歩は、知恵を出すこと

小さな改善が次の改善を生み、気づけばすごい改善になる

「空が晴れていると、今日もがんばっているなあと思うんですよ」

こうしみじみつぶやいたのは、あるメーカーから生産子会社に社長として就任したAさんだ。Aさんは、トヨタ式をベースとした生産改革によって赤字企業を黒字化した立役者で、Aさんの視線の先にあったのは、同社自慢の太陽光発電だ。

工場でのものづくりには、多くのエネルギーが必要だ。CO_2を排出し、産業廃棄物も生み出す。Aさんが元いた会社は環境問題に早くから取り組んでいた関係で、Aさん自身も生産子会社の電力を太陽光発電で賄《まかな》えないものかと考えていた。しかし当時の太陽光発電では、ごく一部の電力しか賄えない。それでは「環境に配慮していますよ」というアピールにはなっても、実際には「お金をかけた割に効果の低い」ものになる。

改善は、知恵を出してこそ形になる

この悩みを解決したのが、トヨタ式の生産改革を進める中で生まれた台車引き生産ラインだ。「売れに合わせて、ものをつくる」ために、社員たちが知恵を出しながらつくり上げたラインである。以前に使っていた大量生産型の水平循環式コンベアの場合、１ラインにつき50個ものモーターを使用していたが、新しいラインではモーターは1個だけ。消費電力はかつての80分の1となり、太陽光発電で十分に賄えるようになった。

最初は小さな改善でも、積み重ねていくと案外大きな改善に行きつく。最初はお金より知恵を使う。それはやがて大きな成果を生むことになる。

第26話 トヨタが大切にする「F」とは何か？

言いっぱなし、やりっぱなしはダメ。必ず結果を見届けよ

知識というのは学校で勉強したり、社会に出てからも研修やセミナーに参加したり、本を読むことで、いくらでも身につけることができる。しかし、知識だけではダメ、知識を知恵に変えてこそ仕事の役に立つ、というのがトヨタ式の考え方だ。

トヨタの若い社員Aさんが社外セミナーに参加した時の話だ。セミナーを受講した後、Aさんは出社すると同時に、上司に「セミナーを無事終えることができました。出席させていただき、ありがとうございました」と挨拶した。すると上司は、こう質問した。

「セミナーに行ってきたか。その中で、何と何が特に印象に残ったのか、何と何をすぐにうちの職場に適用してみようと思ったのか、話してくれ。そして、それをやってみよ」

Aさんは驚いた。たしかにセミナーは勉強になったたし、そのうち仕事に使おうと思って

言いっぱなし、やりっぱなしでは結果は出ない

いたが、「すぐに職場に活かせ」と言われるとは思ってもみなかった。慌ててすぐに使えそうなものを1つ2つ実践したところ、しばらくして上司からこう言われた。

「あれから何と何をやってみた。その結果を報告してくれ」

トヨタの特徴の1つに「フォロー」がある。**何でも言いっぱなし、やりっぱなしはダメで、その結果をきちんと見届けることが求められる。**上司も、言ったことを部下がやったかどうかを必ず見届けようとする。知識はお金で買えるし、一瞬ものだが、知識を知恵に変えていくには、実行や試行錯誤が欠かせない。大変だが、知恵こそが利益の源泉となる。

トヨタ「名補佐役」伝説

「厳しい時代における経営としては、攻めと守りを両立させなければならない」

トヨタの金庫番

花井正八《はないまさや》

(1912～1995)

１９５０年に倒産の危機に瀕したトヨタだが、やがて「トヨタ銀行」と呼ばれるほどの強固な財務基盤を確立している。その基礎を築いたのが、当時の社長・石田退三を購買や経理面で支えた花井正八である。

トヨタが倒産の危機から回復へと向かう時期、花井は経理部次長として、連日、金融機関を回り、懸命の資金繰りを行っている。たしかに朝鮮特需によりトヨタにはたくさんの注文が入り、工場もフル稼働していたものの、お金が入るのは製品が完成して、工場から出荷、支払いを受けてからのことだ。注文が多ければ多いほど資金繰りは大変になるため、花井の苦労は大変なもので、支払いを延期するためには詭弁《きべん》を弄《ろう》することも辞さなかったという話が語り継がれている。

それほどの経験をした花井だけに、トヨタが成長を始めてからも徹底した合理化に取り組んだほか、内部留保の蓄積にも励んでいる。本文にも登場するように、第一次オイルショックの頃には１兆円の余裕資金を持ち、「トヨタの場合、２兆円は必要だね」と、しっかりとした財務基盤を確立することを強烈に意識していた。トヨタの強固な財務基盤を築き、のちにトヨタ自動車工業の会長に就任した。

第3章

トヨタ式
稼ぐ社員がやっている「問題解決法」

第27話

いらないものがすぐに捨てられるようになる2つの習慣

「いつか使うから」「そのうち使うから」をやめる

トヨタ式の「整理整頓」というのは、「いらないものを捨てて、必要なものがすぐに取り出せるようにする」ことだ。

そのために「入ったばかりの新人でも何がどこにあるかがすぐに分かる」という状態を目指して、片づけを行う。

しかし企業の中には、「何がどこに何個あるか」が分からない会社も少なくない。生産部門に限らず、間接部門でも倉庫や書類棚などにたくさんのものがあり過ぎて、「何がどこに何個あるか」が分からず、結局は「探す」というムダな時間がかかっている。

また「置き場はあの人しか知らない」といった、あるものの置き場を特定の人しか知らないケースもある。

これも「標準化」や「整理整頓」などができておらず、「ムダ」につながっている。

では、なぜものがあり過ぎる状態になって

「使ってはいないもの」を持つとコストがかかる

しまうのか？　とどのつまり、「いつか必要になったら困る」「捨てるのはもったいない」といった「捨てる」ことへの抵抗だ。

そのために大切なのが、「ものを持つことはコストを伴う」という認識をもつこと。たとえば在庫や余分なものを置いているスペースにも、家賃や倉庫代がかかっている。

だから、①「いつかは使う」には期限を設けて過ぎれば処分する、②ものを前にしたら「本当にいるものなのか」をチェックする、といったことを徹底しよう。

いらないものを抱え過ぎることも、大きなムダなのである。

第28話

トヨタがミスの報告に来た人を褒めるわけ

「責任追及」より「原因追及」

1988年、トヨタが本格的にアメリカ進出を果たすべく単独でケンタッキーに工場をつくった時の話だ。その際、課題となったのはトヨタ式の基本である「問題があればラインを止める」だった。

当時のアメリカでは、ラインを止めるような失敗をすれば、レイオフされるのが当たり前だった。そのため現地の従業員はラインを止めることを怖がり、「問題があればラインを止めよう」と何度言っても止めようとはしなかった。社員を集めて、「バッドニュース・ファーストでいこう」と説明しても、多くの社員がレイオフへの「本能的な恐れ」から定着しない。

そこで、当時の責任者でのちにトヨタ社長となる張富士夫が徹底するようにしたのが、「ラインを止めたら、『日本より止め方がうまいね』」と心の底から褒《ほ》めることだった。

バッドニュース・ファーストでいこう

ある時、ボンネットのアウターとインナーを溶接する前に使う接着剤を間違えるというミスが起きた。原因は資材管理が運ぶ接着剤を間違えたからだった。この時、張は資材置き場を見に行ったうえで、資材管理課長を叱るのではなく、「よく報告に来てくれた」と褒めた。レイオフを覚悟していた課長は驚いたものの、後日、原因を究明したうえで、自分なりの対策を考えてきた。これがきっかけとなり、工場は変わることになった。大切なのは「責任追及」より「原因追及」である。責任者に責めを負わせることばかり考えるのではなく、なぜそれが起こったかを考える。ここが問題の先送りを防ぐポイントである。

第29話

大問題に直面した時は「運がいい」

難題を乗り切れるかどうかで人の値打ちは決まる

1970年代、石油ショックが起こった。原油の供給がひっ迫し、価格が高騰したのだ。

それまで高度成長を続けてきた日本企業も、石油ショックの影響で大きなダメージを受けた。

トヨタも例外ではなく、「資材などのものは入ってこず、車も思うように売れない、八方ふさがりの混乱状態」というほどの危機に瀕した。

そこで、当時の生産管理本部長は、トヨタ生産方式の生みの親であり、師匠にあたる大野耐一に「こんな時は、どうしたらええもんでしょう」と相談した。

すると大野は、「むしろ運がいいと思わなあかん」と言う。

なぜなら、妙案などない問題が起きた時は、「自分の力で乗り切る絶好のチャンス」であり、ここを乗り切るかどうかで「人間の値打

ピンチをどう乗り切るかで、人の値打ちは決まる

ちが決まってくる」という考え方を持っていたからだ。実際、大野自身、1950年のトヨタ倒産の危機に「少ない人数で、いかにより多くの車をつくるか」について必死になって考え抜いた結果が、トヨタ生産方式につながっている。

同様に、生産管理部長もここでトヨタ式をベースに必死になって知恵を絞れば解決策が出てくるし、それはトヨタの成長と本人の成長につながることになる。

問題が起きたら「改善のチャンス」「成長のチャンス」と考える。問題は厄介でも、同時に「飛躍のバネ」となると考えることで、解決への希望も見えてくる。

第30話

「すぐラインを止める」と、なぜ稼げるのか？

問題を先送りせず、真因を解決することでムダな出費が減る

トヨタ式のものづくりで最も大切なことの一つが、「問題があればすぐにラインを止める」だ。

トヨタの始祖・豊田佐吉が発明した自動織機では、織機の縦糸や横糸が切れたりなくなったりした時、機械が自動的に止まる仕組みになっていた。つまり、機械に不具合を判断する装置を組み込むことで不良品を防ぎ、人間が機械の番人をする必要をなくしたわけだ。

トヨタではこの考えを機械だけでなく、人間の入っているラインにも拡大、「何か問題があれば作業者自身の判断で機械を止め、問題の原因を徹底して調べる」ことにした。

こうすることで、不良品を後工程に流さないようにしたのだ。

もっとも、一般的なものづくりの常識から言うと、これは極めて異例だ。なぜなら、多

「問題の先送り」をすると、同じ問題が起こり続けてしまう

問題を先送りする会社
また不良品です
とりあえず
横によけて
おいてくれ
不良品
不良品
不良品
横によけて
おいてくれ
またです
不良品BOX
不良品
不良品
不良品
問題を先送りしない会社
不良品です
すぐに
ライン停止!!
原因を
調べるんだ
不良品
不良品
不良品
原因が
わかりました
ボルトが
ゆるんでます
よくやった
不良品
不良品

くの場合、不良品に気づいてもラインを止めることはなく、脇に避けて、あとで手直しをするからだ。こうすれば、ライン自体は動き続けるため、生産は続けることができる。しかし、このやり方だと問題が起きたにもかかわらず、その原因解明や工程改善を先送りすることになるため、再び同じような問題は起きるし、さらに大きな問題に発展しかねない。

一方、トヨタ式はラインを止めることで生産は止まるが、問題を完全に解決することができれば、二度と同じ問題は起きないことになる。問題は先送りすることなく、都度、原因を調べて改善をする。実はこれが最も効率の良いやり方、というのがトヨタの考えだ。

第31話

「問題のない職場」は「大問題」なわけ

上司が嫌うから問題になっていないだけ

トヨタ式に「上司が明るい職場は問題が多い」という考え方がある。

問題に対して上司が明るく前向きに対処する職場は、部下が些細な問題でもすぐに報告するため、自然と「問題が多い」職場になるというのだ。

普通に考えれば「問題が多い職場」は「悪い職場」「上司が無能」となる。そこで上司が問題を嫌い、問題を起こした部下をすぐに罰するようだと、部下は問題を隠すようになってしまい、先送りした問題に対してはいずれ代償を払わねばならなくなる。

ここで考えてみたいのが、「なぜ部下は失敗やミスを隠すのか？」ということ。

理由は様々だろうが、失敗やミスを報告して叱られる、罰せられるのが嫌、自分の評価が下がるのが嫌、という気持ちがほとんどである。つまり、上司の反応が怖いのだ。

大問題なのは「問題のない職場」

上司が問題を嫌う職場
問題はないだろうな
私の評価を下げないでくれよ
ミス
困り事
問題
言えるわけがない
ミス
困り事
問題
上司が明るく前向きな職場
実は…
問題はないか?
問題
そうだったかよく話してくれた
ボクも解決に向けてがんばります

そこで大事になってくるのが、上司の心持ちだ。部下から失敗やミスの連絡が上がってきても、深刻になりすぎず、冷静に明るく対処することだ。

時々、部下に「問題はないか?」と聞いて、「問題はありません」という報告に満足してしまっている上司を見かけるが、それではいけないのである。

「問題がない」ことこそ大問題であり、「問題がある」からこそ、職場はより良く変わることができる。そして、問題は早期に発見して対策を打てば、大きな問題に発展することはないし、失敗を糧《かて》にしてより良いやり方を見つけることもできる。

第32話

問題が起こったら「修繕」ではなく「修理」する

「修繕」は表面上の解決。真因をつかみ、根本的解決を図るのが「修理」

トヨタ式に「『なぜ』を5回繰り返せ」という言い方がある。

問題が起きたら、「なぜ」を5回繰り返すことで「真因」を特定し、その真因を潰すための改善をすれば同じ問題は二度と起きなくなる、という考え方だ。

トヨタでなくても、問題が起きたら多くの人は「なぜ問題が起きたのか」ということを考えるだろう。

しかし、その際に「なぜ」の追求が足りないと、たとえば機械が止まった時に、単純に「ヒューズが切れたようだから取り換えよう」で終わってしまい、同じ問題が起こってしまう。

大切なのは、「なぜヒューズが切れたのか？」まで考えることだ。

そこまで考えず単純に「ヒューズの交換」という解決法を取ってしまうと、真因の解決

問題を起こさないためには、「修繕」でなく「修理」をする

ヒューズが切れたぞ
とりあえず「修繕」をする会社
原因究明をして「修理」をする会社
とにかく
ヒューズを
交換して
作業再開だ
今月に入って
5回目ですね
結束ベルトが
きつすぎて
損傷していました
そうか
よく原因を
究明してくれた
修理を頼む!!

にはなっておらず、問題の先送りと同じになってしまう。

こうしたことを防ぐために大野耐一が部下に話していたのが、「修繕」と「修理」の違いである。

大野が目指したのは、二度と問題を起こさないために現場に立ち、現場を見て、「真因」を特定して、徹底した修理をすることだった。

問題の先送りは高くつく。問題が起きたなら、「真因」を特定するために根気よく「なぜ」を繰り返すことだ。

第33話

「明日やろう」は「バカやろう」

その日の問題はその日のうちに片づける

ある中堅のメーカーが、トヨタ式をベースとする生産改革に乗り出した時の話だ。

陣頭指揮にあたったA社長が実行したのが、「その日の問題はその日に片づける」ことだった。

同社にとってトヨタ式は新しいつくり方だけに、社員も慣れず、問題が次々と起こった。なかには部品の調達の仕方や梱包の問題など、すぐには解決できないものもあった。

しかし、A社長は仕事を終えた就業後、もう一人の社員と一緒に機械や治具工具の改善に励んだ。調べてみると、機械の問題や工具に関しては、自分たちで改善できるものも少なくなかったからだ。周りからは「明日でもいいんじゃないですか」と言われることもあったが、A社長は「今日の問題を今日解決しておかないと、社員が明日も苦しむことになる」と言って改善を行った。そして次の朝、

問題の先送りをやめる

社員に「ここをこういう風に改善したから」と説明をしたうえで、「まだやりにくいようなら遠慮なく言ってほしい」と付け加えた。

問題を先送りすれば、その分、誰かが苦しむことになる。それは社員かもしれないし、お客様かもしれない。だからこそ問題は安易に先送りせず、今日のことは今日片づける。

その結果、「安くつく」だけでなく、何より大切な社員やお客様からの「信頼」を得ることにもつながる。今の時代、残業規制などで、翌日に回さざるを得ないケースも多いだろうが、問題に対してはできるだけ、「明日やろう」ではなく、「今日のことは今日片づけよう」という気持ちで臨むのが望ましい。

第34話

何もしないなら、問題など「見えない」ほうがいい

問題を発見して、手を打たなければ社員はやる気を失ってしまう

ある鉄道会社の話だ。その会社は過去に大きな事故を起こした経験があり、二度と同じ事故を起こさないために、運転手や車掌に「ここは危ないな」という現場や出来事に関する気づきをすぐ報告するように指示をした。

良い試みであり、最初はいくつもの「気づき」が寄せられた。しかし、しばらくすると報告の数が減ってしまった。理由を聞くと、「せっかく報告しても何も改善されないから」だった。

せっかく問題を「見える化」したにもかかわらず、会社や上司から何のフィードバックもなく、改善もなければ、やめてしまうのも無理はない。

そこで鉄道会社は寄せられた「気づき」を、誰もが通る廊下に貼り出したうえで、翌日には「今すぐに改善する」「〇日までに対策を考える」といったフィードバックも載せるよ

問題は改善してこそ意味がある

うにした。

すると、再びたくさんの気づきが集まるようになり、鉄道会社の安全対策も安全への意識も大きく改善されるようになった。

問題というのは改善してこそ意味がある。見えるだけで何もしないのは、ただの「見せる化」であり、本当の意味の「見える化」ではない。

「何もしないなら、問題など『見えない』ほうがいい」がトヨタ式の言葉だ。

問題を改善しなければ、やがては同じ問題、大きな問題が起こり、とてつもない対価を払うことになる。

第35話

ミスしようと思ってもできないほど改善する

「気をつけます」に気をつけろ

全国規模でホテルや旅館を展開しているA社の話だ。A社には失敗をしたり、問題が起きた時には、当人かそれに気がついた人間がネットを通じてすぐに報告をするというシステムがある。そして1週間に1回、集まった失敗や問題について「なぜ失敗したのか」「なぜ問題が起きたのか」という原因を調べ、その対策を練ることにしている。

その際、厳しく禁じられているのが「うっかりしていた」「以後、気をつけます」といった言葉だ。「うっかり」も「気をつける」も個人の集中力に依存するものであり、そこに頼る限り失敗は繰り返されるし、問題も防げない。人間はミスをする生き物であり、時にはうっかりもするし、集中力が切れることもある。体調が悪ければ、とんでもないミスだって起きうる。

トヨタ式が目指すのは「ミスをしようと

ミスをしようと思っても、できないくらいの仕組みをつくる

思ってもできないほどの改善」だ。

つまり、本人がうっかりしてもミスにつながらないように改善をすれば、うっかりミスは防げるし、過度に気をつけなくても失敗を防ぐことができる。そのためには「なぜ、うっかりしたのか」を知る必要があり、たとえ気をつけなくても失敗が起こらない仕組みが必要になる。

トヨタ式の問題解決の基本は、①問題を見えるようにする、②問題の真因を調べる、③二度と同じ問題が起きないように改善をする、である。この3ステップを踏んで問題解決をすれば、「うっかりしていた」「気をつけます」はなくなるはずだ。

第36話

他社で起こった問題を自社に置き換えて考える

TVのニュースも「他山の石」としてとらえれば、改善のチャンスに変わる

TVのニュースも「他山の石」としてとらえれば、改善のチャンスに変わる。

問題というのは、小さなうちに対処すれば事を大きくせずに済む。また、小さなうちに対処することで二度と同じ問題が起きないように改善すれば、予防にもなる。

そのためにトヨタの工場が行っているのが、他社や他部署で起きた問題を、「他山の石」として自社や自部門の参考にすることだ。

たとえば、ある企業の工場でほこりを集める集塵機《しゅうじんき》から火災が発生したというニュースがあったとする。そんな時、トヨタでは朝のミーティングで課長がそのニュースを紹介したうえで、「うちの集塵機にも同じトラブルが起きる恐れがないか確認しよう」と話し、手分けをして工場の集塵機をチェックする。

しかし、一般的には他の会社で事故やトラブルが起きた時は、「大変だなあ」で済ませ

他社や他部署の問題を「他山の石」とする

問題を「対岸の火事」にする会社
たいへんだな〜
ABC ニュース 工場火災原因は
集塵機からの出火です
ど、ど どうしよう！
問題を「他山の石」にする会社
A社の火災は集塵機からの出火だ
我社の集塵機も発火の可能性がないかチェックしてくれ
A社と同型の集塵機は問い合わせています
それ以外は安全性と動作確認済みです

てしまって、それを「自分事」として「うちもこの機会にチェックしよう」とはならない。

もしこの時にチェックしていれば、自社にも似たような問題や事故が起きていることが分かって、兆候に気づくことができたかもしれないのに、だ。

問題はできるだけ小さなうちに対処したほうがいいし、未然に防げるのならそれに越したことはない。

そして、問題に気づくチャンスというのは、案外身近なところにあるものだ。

ＴＶやネットで見るトラブルや問題も、自分事、自社事に置き換える習慣をつける。この習慣が問題を未然に防ぐ防止策になる。

第37話

トラブル解決は初動対応が9割

問題は、小さなうちに芽を摘み取り早々に沈静化させよ

トヨタがアメリカに端を発した大規模リコール問題に直面したのは、2009年のことである。

豊田章男が社長に就任して約2カ月後、レクサスが暴走して家族4人が死亡する事故が発生した。原因はフロアマットがアクセルペダルに引っ掛かり、ペダルが戻らなくなったことだった。その際、トヨタは1000万台規模のリコールなどを行っている。

通常、こうしたケースではトップが会見を開き、謝罪をするものだが、トヨタは初動の対応が遅れ、記者会見もすぐには開かなかった。

また、米公聴会へのトップの出席もすぐには明言しなかった。章男自身は早々にアメリカに行くことを考えていたが、会社の判断は「トップが出るべきではない」だったからだ。

結果、トヨタへの批判はさらに強まったが、

問題が起こったら即行動せよ

2010年2月、章男が公聴会に出席、「トヨタの伝統と誇りにかけて、絶対に問題から逃げたり、気づかないふりをしたりはしない」と明言し、3時間20分にわたって率直に対応したことで、ようやく事態は沈静化した。

問題が発生した段階で、「大したことはない」と高を括《くく》ると、事は大きくなり、大切な信用を傷つけてしまう。つまり、問題は放っておけばおくほど、大きく恐ろしいものになるのだ。

そうならないためには、初動の対応を間違えないことだ。問題は小さなうちに芽を摘み取り、早めに早めに沈静化させる。これが、トラブル解決の基本である。

第38話

トヨタのトップダウンとは、「トップが現場に降りていくこと」

上からの指示命令を現場に伝えることではない

ある化学メーカーの工場で事故が多発した時の話だ。原因を究明するべく本社から工場に赴いた役員は、間接部門の責任者たちが「現場に行って自ら真因を探る」努力を怠っていることに気づいた。事故の報告は書面で提出され、そこには「以後、気をつけます」という言葉しか書かれていない。それを見た役員は「事故が起きるのは当然だ」と思った。

そこで、役員は工場に常駐し、事故が起きたという知らせが来たら、すぐに現場に向かうようにした。そして現場の責任者と一緒になって原因を調べ、対策を考え、すぐに実行した。生産部門のトップがそこまで強い関心を持ち、積極的に問題解決に臨めば、現場も変わる。やがて事故は減り、働く人たちの安全への意識も変わっていった。

トヨタ伝統の現地現物を大切にする豊田章男の口ぐせは「トップダウンとは、トップが

部下を呼びつける前に自分が現場へ行け!!

現場に行かないリーダー
現場に行って
自ら真因を探るリーダー
どうなってる!?
すぐに報告に
来てくれ!!
ただでさえ
忙しいのに
本社社長室
現場
現場を見せてくれ
一緒に解決の
糸口を探そう!

現場に降りていくこと」だ。

日ごろから現場に熱心に顔を出すのはもちろんのこと、問題が起きた時には、部屋にいて報告を待つのではなく、問題解決のために動いている人たちがいる場所に自ら行く。

大きな災害や事故の時、役員に言うのは「下から報告が来るとは思わないでください。必要があれば、ご自分で大部屋へ降りて聞いてください」だ。

上の意思が下に伝わらないのは問題だが、下で起きていることが上に伝わらないのはもっと問題だ。そんな時には部下を叱る前に、自分が下に降りていく。トップが常に関心を持ち続ければ、社員の意識は必ず変わる。

第39話

異論がなければ異論をつくれ

新しいことに挑戦する時は、あえて反対者の意見を聞く

トヨタ式の基本は「問題があればすぐにラインを止める」だ。

つまり、「問題」に気づいたらすぐにラインを止めて、「真因」を調べ、「改善」する。

では、問題がなければ何もしないのかといったら、そうではない。

トヨタ式において問題がないというのは「隠しているか、気づかない」ことになる。

トヨタでは「『みる』には3つある」と「『きく』には3つある」といわれている。

本田宗一郎は、「みる」には「見る」「観る」の2つがあるとしたが、トヨタで「診る」を加えた3つ、「きく」には「聞く」「聴く」「訊く」の3つがあるとも言っている。

一見何事もなく進んでいる現場でも、「深くそこから」「診て訊けば」問題は見つかるというのだ。

この考え方は、何かを決める際にも通用す

深く「診て訊けば」問題は見つかる

気づかない
問題？ ありませ~ん
問題
隠す
問題 ありません！
問題
問題は ないか？
そういえば！
問題
実は…
問題
見る・観る・診る
聞く・聴く・訊く

る。会議などで参加者全員が「異議なし」と満場一致で賛成したとする。

そこから「問題の見落としがあるのではないか」と、さらに深く考えるのだ。

大野耐一は、こう言っている。

「異論がなければ異論をつくれ」

ある企業の経営者が何か新しいことに挑戦する時は、あえて反対する人の意見を聞くという。諦めるためではない。反対意見には「これを解決すればうまくいく」というヒントが隠されているからだ。

異論も問題もない時にはあえて問題や異論を見つけてでも、より良いものにするというのがトヨタの考え方だ。

第40話

「このくらいはいいか」ではなく「このくらいだから、ちゃんとやる」

日ごろからの訓練が、いざという時の力になる

トヨタ式に、「教育と訓練は違う」という言い方がある。

教育というのは、座学など言葉で教えるもので、知識として身につけられるもののこと。

一方、訓練とは身体で覚えること。人間というのは知識として「知っていて」も「実際にできる」わけではない。

知っていてもできないことはたくさんあるし、平時ならできることも、緊急時には慌ててできなくなることもある。

たとえば、トヨタの元社員がコンサル先などでいつも言っていたのは「小さな地震や短い停電の時も、大地震や大停電の時と同じように行動しなさい」だった。

理由は「いざという時にしっかり対応するためには日ごろの訓練が必要で、だからこそ大したことのない時にやるべきことを一つずつしっかり確認することが大切。その訓練が

いざという時は、日ごろの訓練がものをいう

できていれば、いざという時にも落ち着いて対応できる」というものだった。

いわば、小さな地震、短い停電の時の行動は「訓練」であり、日ごろから訓練していればいざという時の役に立つ。

「小事は大事」は、小さな問題であっても大きな問題と同じように対処しろという教えだが、どんな時も「このくらいはいいか」ではなく、「このくらいだからこそ、ちゃんとやる」。

それが、いざ問題が起きた時、本当の力となる。

第41話

豊田章男が社長時代、「数字」を口にしなかった本当の理由

数字は嘘をつかない。だが数字だけを追うと、嘘を作れてしまう

トヨタ前社長・豊田章男は、社長に就任後、生産台数や売上、利益目標といった数字を滅多に口にしなかった。理由は、「数字は嘘をつかない。だが数字だけを追うと、嘘を作れる怖さがあった」からだ。

今の時代、企業は四半期ごとの数字で株式市場からの評価を受けることになる。予想に対して上か下かで評価は変わり、株価も左右されるため、トップはどうしても「予想を上回る数字」にこだわることになる。

2008年、トヨタはリーマンショックの影響もあり、車が売れず、大量の在庫を抱えることになった。前年、2兆円を超える利益を出し、販売台数でも世界一に手が届くところまで来たところでの業績悪化である。

2008年度の予測についてトヨタでは、「成長シナリオ」「減速シナリオ」「クラッシュシナリオ」の3つが示され、また決算が近づ

体面にこだわらず、膿を一気に出す決断をする

豊田章一郎
2008年度の予測ですが
「わずかの黒字」「収支トントン」「赤字」のどれにしますか？
4610億円の営業赤字を発表しよう
えっ
膿を一気に出してよかった！
トヨタ営業利益推移
豊田章男
1475億円
▼4610億円
2008年
2009年

くにつれ、「わずかの黒字」「収支トントン」「赤字」の3つのうち、どれを選ぶかが議論されるようになった。

企業というのはこうした場合、体面やトップの責任を踏まえ、比較的穏便なシナリオを選びがちだが、この時、トヨタの総帥・豊田章一郎が選んだのは膿《うみ》を一気に出す「4610億円の営業赤字」だった。

問題を先延ばしにすれば体面は保つことができるが、結果的には問題は長引き、解決にも時間がかかる。膿は一気に出す。そのほうが再生への道も早まることになる。

この時の章一郎の決断は、この後社長になる章男にも大切な教訓となった。

「できる」とまず言え。そこに方法が見つかる。

トヨタ生産方式の基礎を築いた男

大野耐一《おおのたいいち》

(1912～1990)

倒産の危機に瀕したトヨタが、成長企業になるうえで大きな役割を果たしたのが「トヨタ生産方式」だが、その基礎を築いたのが大野耐一である。当時、トヨタの経営は石田退三が担っていたが、販売は神谷正太郎、経理は花井正八、開発は豊田英二、そして生産は大野耐一が率いていた。

倒産の危機により大幅な人員削減を行ったにもかかわらず、朝鮮特需でそれまでにつくったことがないほど多くの注文が入った。そこで生産の責任者だった大野は夜も眠れないほど苦慮し、結果、のちのトヨタ生産方式につながる数々の創意工夫が生まれている。その経験から生まれたのが「人は困らなければ知恵は出ない」であり、「ないないづくしの困った中から生まれた製品こそが世界と戦えるものになる」といった改善の考え方である。

大野はトヨタ生産方式をトヨタの工場に定着させるため、さらには子会社や協力会社に普及定着させるために、若いトヨタ社員にトヨタ式を徹底して教え込んでいるが、その中には第9代社長となる張富士夫も含まれている。「ものをつくる前に人をつくる」も、トヨタ伝統の考え方である。

第4章

トヨタ式

稼ぐ社員がやっている「見える化」の法則

第42話

強大なライバルに追いつき追い越すには、その差を「見える化」することから始める

数値化して差を明確にすれば、どんな強大な相手も乗り越えられる

私にトヨタ式の基本を教えてくれた若松義人氏が、トヨタ勤務時代にやっていた仕事がトヨタとゼネラルモーターズ（ＧＭ）との原価比較である。

１９６３年当時、売上規模でＧＭの60分の1だったトヨタは、原価でも仕切り価格でもＧＭの推定1に対してトヨタはその倍というくらいの大きな差があった。

若松氏への指示は、両社の原価の「差額」をバランスシート上に表現するという全く新しい発想だった。複数の専門家の教えを請《こ》い、若松氏がたどり着いたのが「基準原価」という考え方だ。基準原価とは、たとえばある部品の原価がトヨタ1万円に対し、ＧＭ６０００円とすれば、原材料勘定には「基準原価」の６０００円と記載し、差額の４０００円はある種の「ムダ使い」としてバランスシートに載せる。

「見える化」→「改善」で、その「差」を埋める

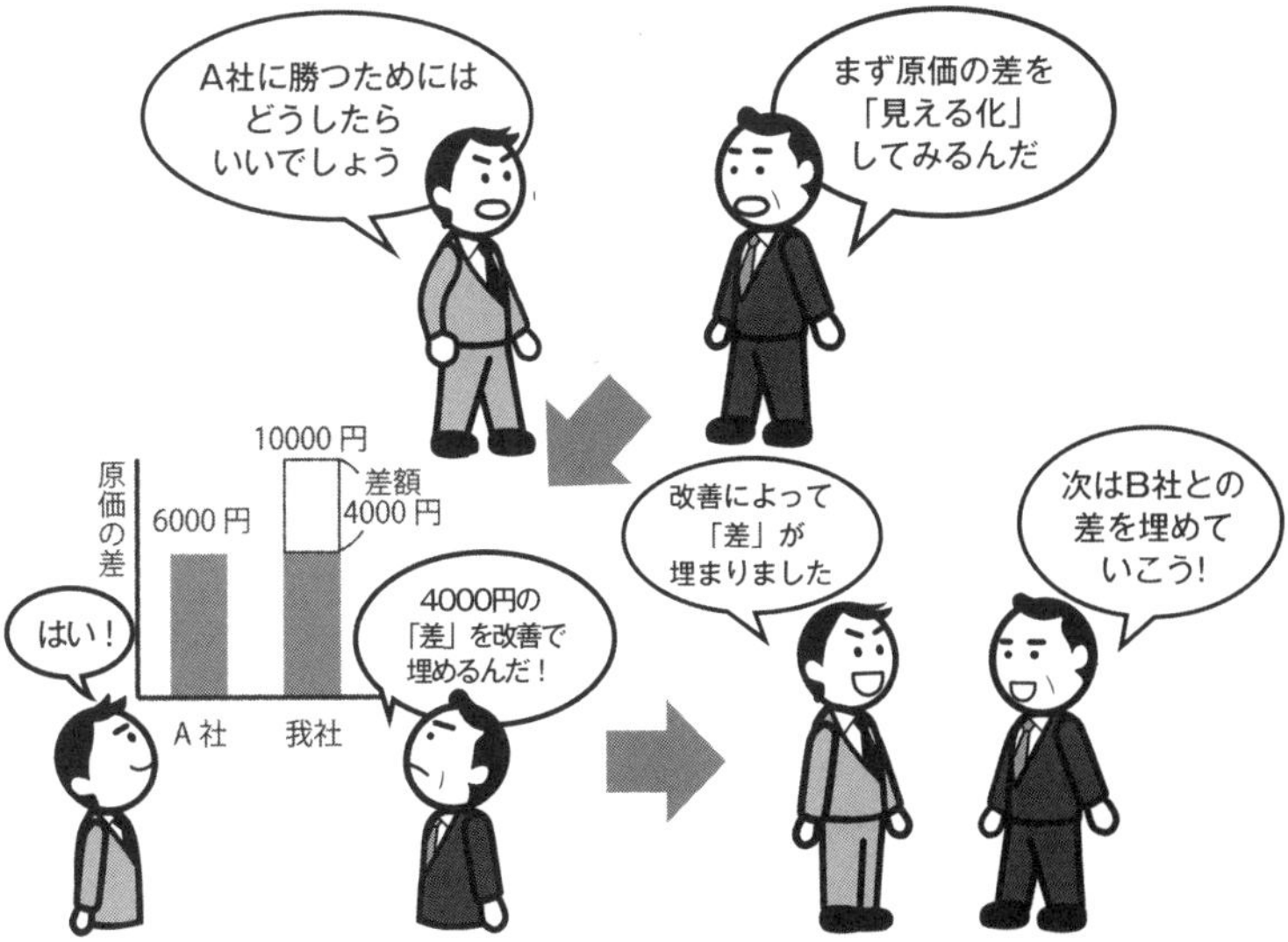

本来の会計基準に則《のっと》った処理もやっていたが、「問題の見える化」を課題に掲げるトヨタの経営陣にとっては、「4000円の差」は是が非でも埋める必要のある差だった。

そしてその差を埋めるべく、日々改善に励んだ。やがて「差額」がゼロに近づくと、トヨタは次なる企業を目標に選び、「差額」を記載するようになった。このように「高い目標」を掲げ、差額を「見える化」して、「改善」に励むのがトヨタだ。一つ目標を達成すれば、次なる目標を掲げる。絶えざるベンチマークによって「より良く、より早く、より安く」と改善し続けるからこそ、トヨタは成長し続け、稼ぎ続けることができる。

第43話

現場に落ちている部品を「お金」に換算してみる

自分たちの使っている部品がいくらかを知っておく

大野耐一の弟子の一人だったAさんが、ある日工場で改善活動に励んでいると、「A、わしの後をついてこい」と言われた。

Aさんは大野の後をついていくのだが、大野は広い工場を隅から隅まで歩く間、ひと言も言わない。「どういうことだろう」とAさんが不思議に思いながらついていくと、元いた場所に戻った大野がAさんにこう言った。

「工場の中にたくさんの部品が落ちていたが、それを全部拾ってこい」

Aさんは大きな籠を持って工場内を歩き、落ちていた部品を拾い集め、大野の元に戻った。

すると、大野は「全部でいくらになるか分かるか?」と聞いてきた。

Aさんが「分かりません」と答えると、大野はAさんに電卓を渡し、部品一つひとつの金額を言いながら計算をするよう命じた。結

部品の値段も知らずに価格低減はできない

工場の床に落ちている部品を
全部拾ってきなさい
大野耐一
箱の中の部品の
値段を計算してみろ
スゴイ
金額！
部品の値段も知らずに
原価低減などできないぞ！

果は、かなりの金額だった。

大野は「もし、これだけのお金が工場の床に落ちていたら拾うだろう」と言った。さらに「落ちていた部品はすべてお金を払って買ったものだが、みんな部品だと思うから拾おうともしない。自分たちが扱っているものがいくらで、つくっているものがいくらかを知らずに原価低減などできない」と諭《さと》した。

部品一つひとつを金額に換算すれば、部品1個も疎《おろそ》かにはできないし、不良も「率」ではなく「金額」で考えれば、不良をつくることの「ムダ」が自覚できる。ものを大切にする意識、原価低減への意識は、こんな経験を通して培《つちか》われるのだ。

第44話

原材料費が上がっても、価格に転嫁しない方法

「お客様が決めた価格」−「原価」＝「利益」がトヨタの基本的な考え方

トヨタがものづくりで大切にしていることの一つに、「より良く、より早く、より安く」がある。そのために数十年に渡って続けているのが「改善活動」で、「日々改善、日々実践」によって、「より良く、より早く、より安く」を実現するというのがトヨタの考え方だ。

なぜそれほどまでに改善にこだわるのかというと、たとえば「原価は黙っていると、すぐに上昇する」からだ。今の時代、円安や物価の上昇によって、ものの価格はどんどん上がっている。同様に車も、従来通りのやり方で何の改善もしなければ原価は上昇し、利益を圧迫し、いずれは車の価格も上げざるを得なくなる。

もちろんビジネスである以上、ある程度の価格転嫁は仕方がないわけだが、トヨタには、「価格はお客様が決める」という考え方がある。価格の決め方には、①原価が上がれば、

価格はお客様が決めるもの

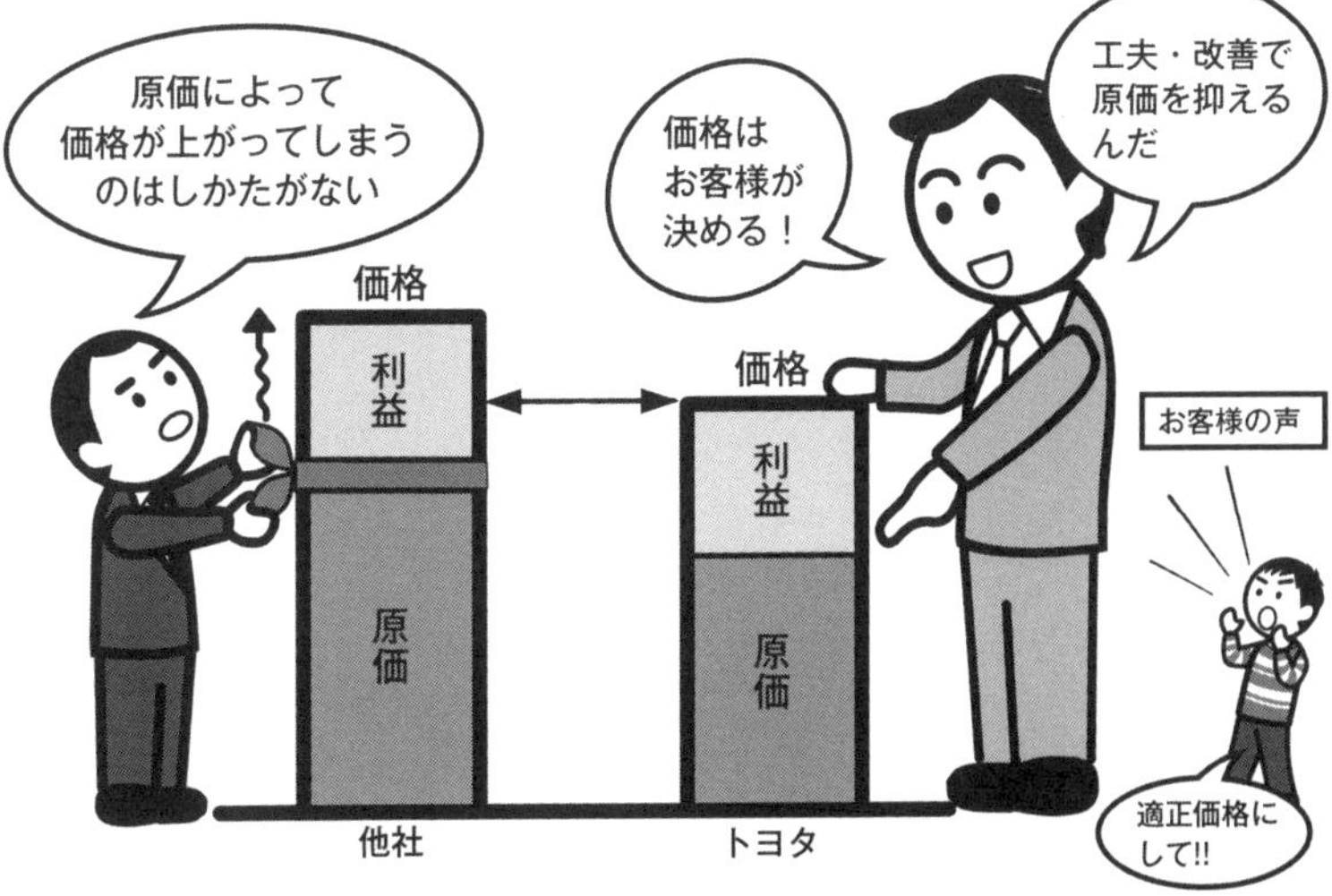
原価によって
価格が上がってしまう
のはしかたがない
価格は
お客様が
決める！
工夫・改善で
原価を抑える
んだ
価格
利益
原価
価格
利益
原価
お客様の声
適正価格に
して!!
他社
トヨタ

利益を上乗せして価格を引き上げるという考え方もあれば、トヨタのように②価格から原価を引いたものが利益であり、企業の利益はつくり方で決まる、という考え方もある。

つまり、企業が利益を出すためには、「原価が上がったなら、その分を価格に転嫁して利益を確保する」のではなく、「価格はお客様が決めるものであり、企業がやるべきは安易に価格を上げるのではなく、絶えず原価低減の努力をして利益を生み出す」ことが必要なのだ。原価は黙っていると、すぐに上昇する。だからこそ日々、「より良く、より早く、より安く」を追い求めてこそ利益を生むことができるのである。

第45話

「悪くなったから変える」ではなく「調子がいいから変える」

悪くなってから変えようとしても、思い切ったことはできない

トヨタの特徴は「日々改善、日々実践」と言うように、日常的に「より良く、より早く、より安く」を追い求めるところにある。

つまり、変わり続けるということだが、企業の中には変化を嫌い、「今のやり方」を続けようとするところも少なくない。

「これだけ好調なのだから今のままでいい」「せっかく調子がいいのに何かを変えておかしくなったら困る」というわけだが、トヨタは「改善は景気のいい時にやる」を信条としている。理由は、景気が悪くなり、業績が落ち込んでくると、「変えなければ」と思いながらもお金の面や時間の面での余裕がなくなり、思い切った改革ができなくなるからだ。

日本がまだバブル景気にわいていた頃、トヨタは大企業病を解決すべく組織改革に着手した。技術部門の部署を半減し、主査《しゅさ》の調整業務を減らすことでスムーズなコミュニケー

「改善」は好況の時に取り組むべし

不況になって慌てて改善する会社
社長、今の体制では不況を乗り切れません
そうか組織改革を急ごう
ダメです。余裕がなくてうまくいきません
どうしたらいいんだ…
好況の時に改善を実行する会社
業績が絶好調です！
よし！好況の今こそ組織改革に取り組もう!!
組織改革うまくいきましたね
余裕をもって進められてよかった！

ションがとれる組織への転換を図っている。

周囲からは「こんなに儲かっているのに、なぜ余計なことを」という批判もあったが、改革を主導した責任者は「今のうちなら、まだ金にも余裕があるから、失敗してもやり直しがきく」と周囲を説得している。

今が好調だからと問題を先送りすれば、いずれ問題は大きくなる。「変える」ということは余裕があるからこそできるし、たとえ失敗してもダメージも最小限に抑えられる。

改善は追い込まれてやるものではなく、好調な時から日々小さな改善を積み重ねてこそ大きな効果を発揮することができるのだ。

第46話

「まとめて買えば安くなる」「まとめてつくれば安くなる」をやめる

「つくり過ぎ」「買い過ぎ」は原価を押し上げる元凶

倒産する企業の多くは赤字で利益が出ないというケースだが、なかには決算上は黒字でも資金繰りが追いつかずに「黒字倒産」するケースもある。

「在庫」は決算上はプラスだが、現実の在庫は売って現金化しないとお金が入ってこないからだ。もし売ることができなければ、帳簿上はプラスであっても、肝心の現金が枯渇《こかつ》して倒産する恐れがあるのだ。

トヨタは1950年に倒産の危機に瀕しているが、この時の原因の一つが「つくり過ぎ」にあった。

現在のトヨタ式は「売れに合わせてものをつくる」のが基本だが、当時はつくることが優先されたため、景気が悪化すると大量の在庫を抱え、危機に陥《おちい》ることになったのだ。

「原価知識にこだわると、原価意識がなくなる」とは大野耐一の言葉である。たしかに帳

帳簿上の「黒字」にダマされるな!!

帳簿は黒字だけど…
つくりすぎた
在庫ばかりで現金がない
これは黒字倒産するな…

簿ばかり見ていると「数字の上の黒字」に満足してしまう。現場をよく知り、在庫の山を見れば、「つくり過ぎが会社を潰す」という意味がよく分かる。

中でも、「まとめて買えば安くなる」や「まとめてつくれば安くなる」が曲者だ。

たとえば必要数が100個にもかかわらず、「まとめてつくると安くなる」とばかりに150個つくってしまうと、50個が売れなければムダになり、結局は原価を押し上げることになる。

原価は黙っていると、すぐに上昇する。儲かる企業になるためには現場をよく知り、「原価意識」を磨《みが》き抜くことが欠かせない。

第47話

不良は「率」だけ見ない。「個数」「金額」に置き換えよ

「率」だけ改善しても、「個数」や「金額」が増えていては意味がない

トヨタ式の基本は「より良く、より早く、より安く」だが、その際、「率」だけで考えると物事の本質を見失うことがある。

ヤマトが宅急便のサービスを始めて急成長していた頃のことだ。宅急便を考案した小倉昌男が目指していたのは「お客様に100％の満足を与える」ことだった。

ある会議の席上、社員から「前年の未達率が20％から15％に改善されました」という報告があり、出席者から拍手が起きた。

しかし、小倉が「未達の個数は？」と質問したところ、前年より取扱個数が大幅に増えたため、「個数」は大幅に増えていることが分かった。つまり、取扱個数が増えた分、不満を持つお客様の数も増えたことになる。はたしてこれを「改善」と呼んでいいのか？小倉の疑問だった。

よく似た話だが、スズキの鈴木修は社長時

代、やはり不良を「率」ではなく、「個数」や「金額」で考えるようにしていた。

単価の安い部品の不良なら影響は小さいものの、単価の高い部品の不良は影響が大きい。にもかかわらず、価格を無視してすべてを「不良率」として一括りにしてしまうと、本質が見えなくなってしまう。

「より良く、より早く、より安く」は大切なことだが、その中身や手法もしっかりと見なければ意味がない。

一体、どういう方法を用いて改善したのか、率に加えて個数や金額とも見比べて初めて「よくがんばった」と評価することができる。

物事を「%」だけで見てはいけない

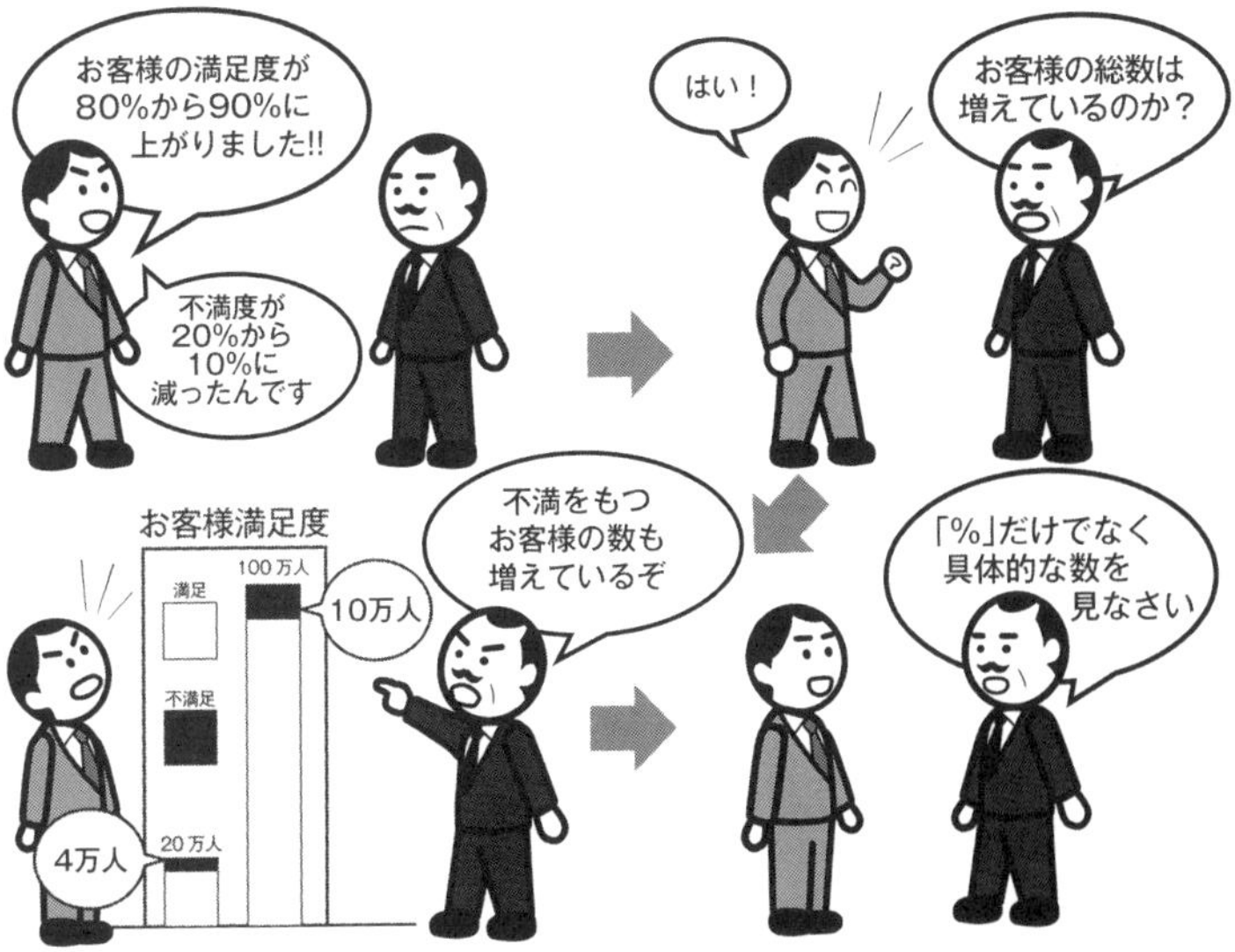

第48話

会社のお金も、自分のお金のように扱う

常に「より安くて良いもの」を探す努力を怠らない

今から数年前、ある大手メーカーの購買責任者Aさんがこんな調査をしたことがある。Aさんはそれまで主に生産部門で使う部品や部材の仕入れを担当していた。

ある日、100円ショップで買い物をしていたところ、そこに並んでいる商品に、自分たちの会社で扱っているものと同じ機能を持つものがたくさんあることに気づいた。

それまでAさんは「100円ショップのものは安いだけだろう」と思っていたが、使ってみると小さな工具を含め十分使えることが分かった。そこでAさんは、生産部門や間接部門で使っている事務用品や工具100点を100円ショップで買ってくるよう命じた。

そして100円ショップのものと自社が買っているものを比較してみた。価格的には自社で購入しているもののほうがはるかに高く、安いのは1点だけだった。これまでAさ

会社のお金を自分のお金と同じように大切に使おう

んは自分の購買能力に自信を持っていただけに、「1勝99敗」という結果はあまりに衝撃的だった。部下からは「そうは言っても、うちが使っているものは品質が違いますよ」という慰《なぐさ》めもあったが、Aさんは「もちろん品質は大切だが、世の中にこれほど安くていいものがある以上、もっと広く目を向けて安くていいものを探す努力が必要なんじゃないか」と自戒の念を込めて言った。

　個人では「より安いもの」を懸命に探すのに、会社では「会社の金だから」と従来通りに買うというのはよくあることだ。常に「より安くて良いもの」を探す努力は欠かせない。

第49話

経費節減につながる「現地現物」とは？

現場に足を運び、現場を見て判断すると、思わぬアイデアが浮かんでくる

ある県の土木建築部で働く人たちの悩みは、厳しい財政事情の中でいかに良質な公共事業を行うかだった。予算はピーク時の半分に減ったにもかかわらず、高度成長期につくられた道路や橋などのメンテナンス、今の時代に合った住民のニーズに応える必要がある。限られた予算でいかに効果を発揮するか。活路を求めたのがトヨタ式だった。

最初のプロジェクトに選んだのは道路の改良計画だ。これまでは専門の業者から提出された計画に机上で多少の修正を加えるだけだったが、トヨタ式の「現地現物」に則ってメンバー全員が現地に赴き、予定地を歩き、計画によって影響を受ける人たちの話も聞いた。従来のやり方に比べて手間も時間もかかったが、現地調査によってたくさんの情報を得たお陰で、実に240を超えるアイデアが浮かんできた。

机上ではなく現地に足を運べ

目指したのは「より安く」だけではなく、道路を利用するための「より良い」計画だ。結果、いくつものアイデアを組み合わせることで、当初の事業費に比べて3分の2の予算で道路の改良をすることができた。

利用者の満足度も高かった。以来、土木建築部では可能な限り「現場に行き、現物を見ながら」考える時間をとるようにした。

「より良く、より早く、より安く」は机上で考えるだけでなく、「現地現物」を徹底する中で「使えるアイデア」を見つけることができる。背景にあるのは、現場を自分の目で見て確認しない限り、正しい判断はできないという考えだ。

第50話

社員が経費削減したくなる環境をつくる

「経費を削減しろ」「原価を下げろ」だけでは何をやったらいいか分からない

「経費を削減しろ」「原価を下げろ」は、どの企業でも言っていることだ。しかし「経費の中身」や「原価の中身」について、社員がどのくらい見えるようになっているだろうか?

一つの製品の原価はいくらで、原価を構成する一つずつの要素はいくらなのか? 経費の中身をどれだけ細かく公開しているか? これによって社員の取り組み方も全く変わる。

たとえば、原価低減をしようとする場合、最初にやるべきは「現在の正確な原価をはじき出す」ことだ。そしてこの場合の原価は、工場の電気代がいくらといった大雑把なものではなく、「商品別の詳細な原価」となる。

つまり、商品ごとに電気代はいくらかかったのか、部品や部材はいくらかかったのかに始まり、作業用の手袋に至るまでいくらかかったのかをはじくことで、初めて「商品別の原価」が計算できる。

商品別の原価を「見える化」する

経費削減に取り組む!!
大雑把で不透明な経費削減
細かく「見える化」する経費削減
まずはとにかく
光熱費の節約!!
これ以上どうやって
削減するんだ？
主力のA商品と
売れていないB商品
にかかる電気代は
同額だ
そこでB商品の
作業面積を縮小して
光熱費を削減する

なぜここまで細かい明細が必要かというと、細かければ細かいほど、作業のやり方や部材を改善をする余地ができるからだ。

たとえば手袋をより安価でいいものに変えたり、油の使い方などが節約できたりすれば、それだけ原価は下がる。さらに改善の結果というのは、数字で出せることが大切で、日々の改善が数字で表れ、その分、原価を低減できたとなれば、社員もその効果を実感できる。同様に間接部門でも、自分たちの使う事務用品の一つひとつ、コピー用紙一枚に至るまで、「それがいくらかかるのか」が分かれば、経費の節減もやりやすくなる。見えれば知恵が出るが、見えなければ知恵は出ない。

第51話

「ヨコテンしたのか？」は、社員が自ら動き出す魔法の言葉

良い改善をして好ましい結果が出た時は共有せよ

トヨタの若い社員Aさんが上司の指示で生産現場の改善を行った。改善を終え、上司に報告に行くと、「結果は見たのか？」と質問された。

Aさんは慌てて現場に戻り、改善の結果を見ると、問題の箇所があり、すぐに改善を行った。「問題がありましたが、すぐに改善して良くなりました」と再び上司に報告すると、今度は「ヨコテンしたのか？」と聞かれ、ビックリした。

「ヨコテン」というのは「横展開」のことで、ある部署やある工場などで良い改善をして好ましい結果が出た時など、その成果を他の部署や他の工場にも展開することを指している。

トヨタが成長し、規模が大きくなり始めた頃、工場間・部署間のコミュニケーションが悪くなっていたことがある。

成功も失敗も「ヨコテン」してこそ生きてくる

たとえば他社の工場を見て、「こんないいやり方がある」と導入したところ、すでにトヨタの別の工場で行われていたということがしばしばあったのだ。つまり、せっかくの成功事例が一つの部署だけ、一つの工場だけに留まり、全体に共有されていなかったのだ。

そこから取り組むようになったのが、**良いことも悪いことも他の部署や工場と共有する「ヨコテン」**である。

良いアイデアを他社から学ぶのも大切だが、それ以前に良いアイデアを社内の一部で眠らせるのは、あまりにもったいない。「ヨコテン」する意識・環境をつくることが大切だ。

第52話

機械に知恵をつけて、性能以上のものを引き出す

仕様書通りの使い方をしていては、ライバルに勝てない

トヨタがアメリカから機械を導入した頃の話だ。「最新の機械が入ったので見に来てほしい」と言われ、大野耐一が見に行ったところ、その機械を3人の人間が動かしていた。

性能を自慢げに説明する担当者に大野は「この機械を使っているのはトヨタだけなのか?」と質問した。すると担当者は「アメリカの機械なので、アメリカのメーカーも使っています」と答えた。

さらに大野が「日本ではトヨタだけが使っているのか?」と質問すると、「日本では日産も使っています」と答えた。

加えて大野は「この機械は3人で動かしているが、なぜ3人必要なのか?」と尋ねると、担当者は「機械メーカーが3人で動かすように決めていますから」と答えた。この答えを聞いた大野は、こう言った。

「アメリカの機械をお金をかけて輸入して、

カタログ通りの使い方では永遠に勝てない

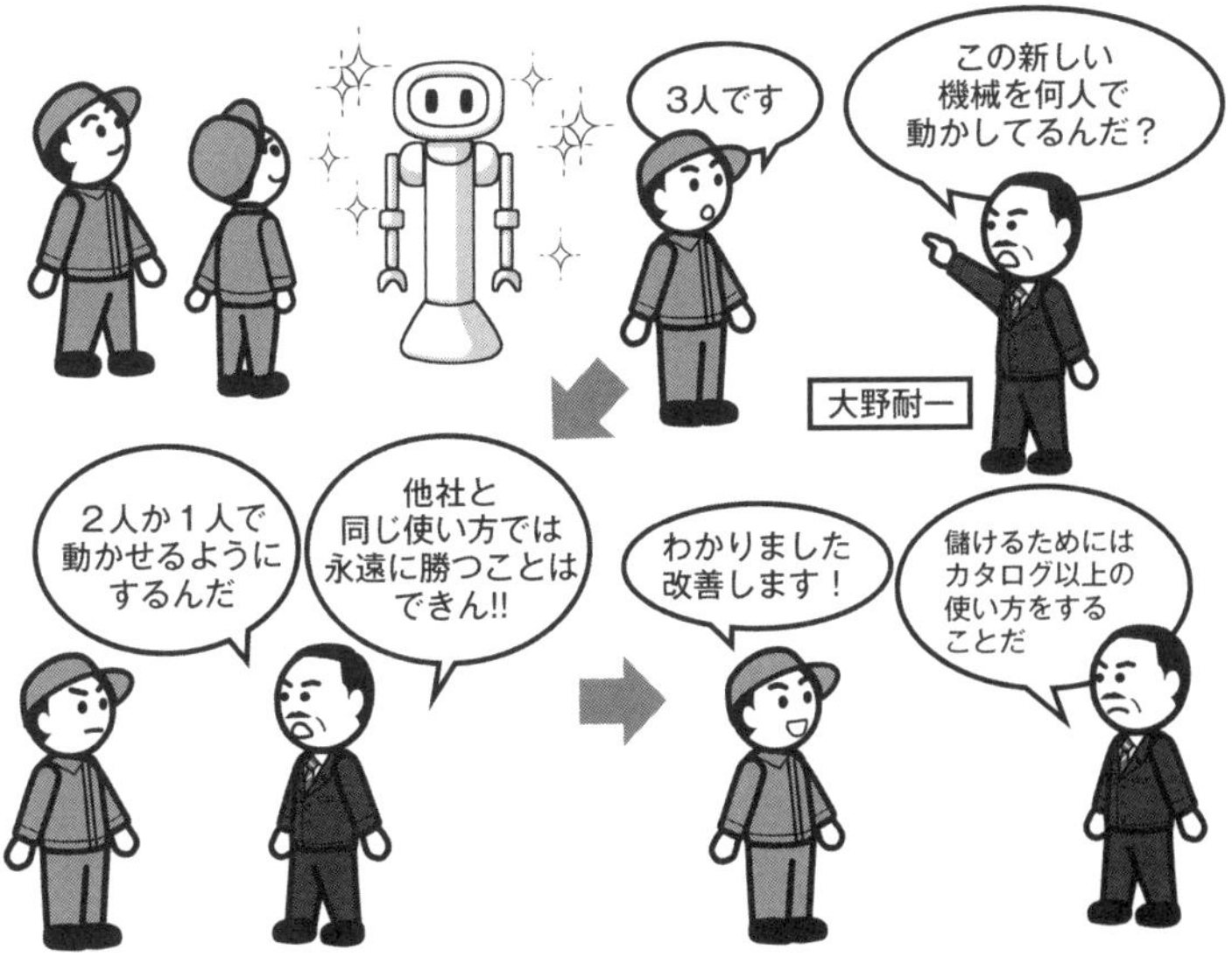

アメリカのメーカーや日産と同じ使い方をして車をつくって、それをアメリカに輸出する。これでどうやってアメリカのメーカーや日産以上に儲けることができるんだ？　カタログには3人で動かすように書いてあるかもしれんが、改善して2人か1人で動かすようにしないと競争には勝てない」

カタログを見て機械を買い、カタログ通りにものをつくるのでは競争には勝てない。

そこに、たくさんの知恵をつけてカタログ以上に使い方をしてこそ勝つことができるし、儲けることもできる。「知恵の数だけ競争に勝つことができる」がトヨタの考え方だ。

第53話

納期に遅れるのはダメ。早すぎるのはもっとダメ

納期に「ちょうど間に合う」ようにつくって出荷するとムダなお金がかからない

トヨタ式改善が追い求めているのは「より良く、より早く、より安く」だ。しかし、ここで気をつけたいのが「より早く」が行き過ぎて「早すぎる」になることだ。

トヨタ式のコンサルタントがあるメーカーを訪ねたところ、倉庫にたくさんの製品が置いてあった。「随分たくさんの製品がありますが、これはいつ頃出荷するものですか?」と尋ねたところ、2カ月先、3カ月先のものがほとんどだった。同社は注文を受けるとすぐに生産するため、自然と数カ月先に出荷する予定のものが倉庫にたまることになった。

トヨタ式に「遅れるのはダメだが、早すぎるのはもっとダメ」という考え方がある。納期に遅れるのはダメというのは誰でも理解できる。しかし「早すぎるのは、もっとダメ」は理解されにくい。早め早めに生産をして倉庫に保管しておけば、納期に間違いなく納品

早すぎるのも経費がかかる

できるのだから、「早すぎて何が悪いのか」と多くの人は考えるからだ。

一方、トヨタ式の考え方は「必要なものを、必要な時に、必要なだけ」である。納期が何カ月も先のものをつくれば、人件費も材料費もエネルギー代などもすべて先に出て行くことになり、お金が入るのは随分と先になる。

さらに倉庫に保管するための費用もかかり、場合によっては出荷前に製品を点検する必要もある。つまり、早すぎるのは「余計なお金」がかかることになる。理想は、リードタイムを短縮することで、納期に「ちょうど間に合う」ようにつくって出荷することだ。

第54話

品質と安全をすべてに優先させる

「信用」は品質と安全で成り立っている。人は「信用」があるところから、物を買う

1950年代半ば、パナソニックの炊飯器に不良品が続出、解決に時間がかかったことがある。その時、創業者の松下幸之助はこう厳しく断じている。

「金額の損害は、これは取り返すことができるかもしれないけれども、それによって失った信用というものは、なかなか容易に取り返すことができない」

松下によると、いったん「二流」の評価を受けると、再び一流と認められるには多大な苦労が必要になる。一流であり続けるためには、つくるものもサービスも常に一流であり続けなければならない。

個人でも企業でも「信用」を得るには長い時間がかかるが、信用が崩れ去るのは一瞬だ。

不祥事を働いたり、スキャンダルを起こす、あるいは不良品をつくったり、大きな事故への対応を間違えれば、どんな有名人もどんな

信用を取り戻すのは、儲けるよりも難しい

大企業も、ひとたまりもない。

だからこそ、トヨタ式の現場でも、口を酸っぱくして言われるのが**「品質と安全はすべてに優先する」**だ。

そのために不良品ができれば、すぐに生産ラインを停止して真因を追及して改善するし、「ロボットを入れると原価が上がるから、危険でも人間にやらせておけばいい」といった安全軽視、人間軽視のやり方はとことん糾弾されることになる。

個人でも企業でも、最も大切にしなければならないのが信用であり信頼だ。それは「より良く、より早く、より安く」を求める上でも、絶対に忘れてはならないことである。

第55話

仕入れ先から「安く買う」のではなく、仕入れ先が「安く売れる」ようにする

安く売っても、しっかりと利益が出るよう一緒に知恵を絞る

「原価を下げる」という時に真っ先に頭に浮かぶのが「仕入れ価格を下げる」である。そのため、仕入れ先に価格の引き下げを求めたり、「もっと安い」仕入れ先を探すことになるわけだが、このやり方は時に品質の低下を招いたり、信頼できる仕入れ先を失うことになりかねないため、慎重でなければならない。

トヨタと仕入れ先の関係は「共存共栄」が基本となる。ベースにあるのは「相互繁栄」と「持続的成長」だが、そのためにトヨタやトヨタ式を実践している企業が取り組んでいるのが、「『安く買う』のではなく、『安く売れる』ようにする」である。

トヨタ式を実践しているある企業のトップが社員に「コストの削減」を指示したところ、出てきたアイデアの多くは仕入れ価格の引き下げに関するものだった。

「自分たちが何も変えないで仕入れ先に要求

安く仕入れたければ仕入れ先と一緒に知恵を出す

ばかりするのはフェアじゃない」と考えたトップは、社員を協力会社に出向させ、「どうすればムダを省けるか」を先方の社員と一緒に知恵を絞らせた。

これはかつてトヨタがトヨタ式の普及のために行ったやり方だが、こうすることで協力会社は「より安く売っても、しっかりと利益が出る」ようになるし、トヨタ社員も成長する。つまり、共に知恵を出すというステップを踏むことで、協力会社もトヨタも成長できるのだ。それが、お互いの持続的成長につながることになる。品質を工程でつくり込むように、価格も知恵を出し、工程でつくり込んでいくものなのだ。

第56話

「より新しく」ではなく「より使いやすく」

ムダに新機能ばかり盛り込むな

トヨタ式をベースとした生産改革を断行し、高収益を上げるようになった事務機器メーカーの生産子会社の話だ。

本来、その会社は、親会社が設計したコピー機を生産するためにあった。ある時、そこのトップは自社の技術者たちに「1週間ほど近くのコピーセンターに弟子入りしてこい」と命じて送り出した。

言われた通りにつくるだけでなく、親会社に対してさまざまな提案をできるようにするためだった。技術者たちは1週間、コピーセンターで働いた後、こんな感想を口にした。

「自分たちはコピー機に最新の機能がつくのは良いことだと思っていましたが、コピーセンターで働いていると、そんな機能を使う人はほとんどいなくて、新しい機能よりももっと使いやすく簡単なものを求めているんじゃないかと気づきました」

「よりよい製品」とは、使いやすく、簡単なもの

パソコンやスマートフォン、家電などでもそうだが、メーカーは次々と新しい機能を盛り込みたがるものの、一般の人たちが使うのはごく一部の機能だけであり、ほとんどの機能はあることさえ分かっていないことが多い。

メーカーはつい、「より良く」というと新しい機能を盛り込みたがる。

一方、使い手の「より良く」は新しい機能とは別のところにある。本当の「より良く」を知るには、自ら使う側に立ってみるのがいい。

第57話

外注に出していいものといけないものの見分け方

大変なことは自分たちで、簡単なものは外注で

ものづくりにおいて何を内製化して、何を外に出すかは大いに悩むところだ。イーロン・マスク率いるテスラやスペースXは部品の内製化率が高いことで知られているが、そうすることで開発や製造のスピードが上がり、トータルのコストも安くなる。

通常、車の製造に必要な部品は約3万点ある。当然、そのすべてを内製化するわけにはいかず、部品や部材を供給してくれるたくさんの協力会社の存在が欠かせない。問題は協力会社に何を依頼し、何を自社で製造するかだ。自社の利益を第一に考えれば、「安い外注を徹底利用して、部品をジャストインタイムで納品してもらう」のが一番いい。

そうすれば仕入れコストも安くなるし、余分な在庫を持つ必要もない。トヨタの社内でもかつてはこう考える人たちがいたが、大野耐一はまるで逆のことを主張していた。

何でもかんでも外注に頼ると、知恵も工夫もなくなる

「少量のものほど内製化すべきで、誰でも安くつくれる量産のものを外注すればよい」

「トヨタがうまくつくれないものを外に出して、もっと安くうまくつくってくれると期待するなら、そういう会社に頭を下げて教わりに行け。給料も、その会社以下にしろ」

トヨタがやるべきは「少量生産品は高くなる」ことをプレッシャーとして知恵を出し、改善をすることで「少量でも安くつくる工夫をする」ことだ、というのが大野の考え方だった。難しいものを中でやれば、その分、知恵も出すことになる。大変なことは自分たちで、簡単なものは外に出す。それが「より安く」の原則だった。

目で見るな、足で見よ、頭で考えるな、手で考えよ

大野耐一の右腕

鈴《すず》村《むら》喜《き》久《く》男《お》

(1927～1999)

トヨタ生産方式の基礎を築いたのは大野耐一だが、トヨタ生産方式を普及定着させる過程で大きな貢献をしたのが、大野の右腕と呼ばれた鈴村喜久男である。

鈴村は工場の建設などに際して、工場のプランニングやレイアウトなどほとんどの仕事に参加したほか、若いトヨタ社員の指導も担当していた。部下からは「鬼軍曹」と呼ばれるほどの猛烈な仕事ぶりで、朝7時頃から夜は 11 時、12 時まで働いたことで病気になった。さすがの大野も「鈴村、命あってのものだねだぞ」と心配し、以後、生産調査室で若いトヨタ社員を指導するようになっている。「現場が生きがい」の鈴村にとって、現場を取り上げられる寂しさは大きかったと言われるが、生産調査室でトヨタ生産方式を教え、指導するという仕事は新しい生きがいにつながった。鈴村に厳しく指導された張富士夫によると、鈴村は大野と比べて教えすぎるところがあり、時に改善への着手を戸惑う若手社員に「お前が何かやったところで、これ以上悪くなることはない」と、厳しいながらも上手に背中を押す上司でもあったという。１９８２年からNPS(New Production System)の研究会に参加、トヨタ式の考え方を異業種にも広めるうえで大きな貢献をしている。

第5章

トヨタ式 稼ぐ社員がやっている「メンタル育成術」

第58話

「やる」ではなく「やりきる」

失敗しても成功するまで「やりきる」覚悟を持つ

京セラがまだベンチャーと見られていた時代、創業者の稲盛和夫は大企業の研究者相手に講演をしたことがある。講演を聞いた研究者たちは「京セラは研究開発で失敗したものがないというが、うちでさえ成功率3割なのに、そんなバカな話はない」と言った。そこで稲盛はこう答えた。「それは簡単なことです。成功するまでやめないのですから」。

「いったんやると決めた以上は、成功するまでやめないし、絶対にやり遂げる」という覚悟で取り組むからこそ成功できる、ということだった。

トヨタの国内でのシェアが低下、40%を割ることもあった1995年頃、社長に就任した奥田碩はこう言って、販売部門や販売店に檄《げき》を飛ばした。

「シェアは大事。40%を割るか割らないかでは、天と地の差がある。40%の必然性を問わ

「やる」と「やりきる」の違い

れれば、単なる象徴的な数字かもしれない。

しかし、経営には明確な旗が必要だ。いったん目標を掲げれば、それを完遂すること。青写真を描くだけで満足していては、会社はだんだん弱くなる」

トヨタのOBたちから頻繁に聞いたのが「やる」ではなく「やりきる」だった。普通の人は計画を立てたり、物事に取り組んだりする時、「やる」「やります」だが、それでは途中で頓挫することがある。

しかし「やりきる」には「できるまでやめない」という強さがある。目標を掲げた以上は絶対に完遂する。その積み重ねが、強い地力を育《はぐく》むことになる。

第59話

倒産寸前のトヨタを立て直した社長の口ぐせ

「自分の城は自分で守れ！」で、強い財務体質の基盤をつくる

松下幸之助「借金せんでも経営できる方法を教えてもらいたいな」

石田退三「金をためりゃいいがや、ただそれだけのこっちゃ」

これは、「経営の神様」と呼ばれた松下幸之助（パナソニック創業者）と、松下が「お師匠さん」と呼んだトヨタ元社長・石田退三の言葉である。

1950年、資金繰りの悪化から倒産の危機に瀕《ひん》したトヨタは、銀行からの融資を受けるために、①創業者である豊田喜一郎の社長退陣、②社員のリストラ、③生産部門と販売部門の分離、といった条件を飲み、新社長として石田退三が就任している。

石田はトヨタの始祖・豊田佐吉が創業した豊田紡織やトヨタ紡績の成長を大番頭として支えた人物であり、根っからの商売人だ。社長就任後は先頭に立ってGHQからの大量の

あの松下幸之助が「師匠」と仰いだ石田退三の口ぐせ

BANK
タスケテ…
TOYOTA
こりゃ、いかん
石田退三
自分の城は
自分で守れ
はい!!
TOYOTA

注文を獲得したほか、「借金だけはまっぴらごめん」と倒産寸前のトヨタが、やがて「トヨタ銀行」と呼ばれるほどの強い財務体質を誇る企業となる基礎を築いている。

そんな石田の口ぐせが、「自分の城は自分で守れ」だ。お金がなければ工場は建たないし、研究開発もできない。日々の支払いに追われていては明日のことなど考えられなくなる。「国が、銀行がもっと助けてくれれば」と他力を頼るようでは経営の自主性は保てないし、競争に勝つこともできない。自社を守るだけの体力をつけてこそ、自分の城を自分で守ることができるというのが、石田の哲学であり、以来、トヨタの伝統となっている。

第60話

不況に強い会社・弱い会社の差

上手くいかない原因は大体「内部」にある

ものごとが上手くいかない時の原因を「外」に求めるか、「内」に求めるかで、その後の対策に大きな差が出る。

たとえば、商談が上手くいかなかった時、「商品が良くない」「会社の知名度がイマイチ」「もう少しCMをやってくれれば」「ライバルが強すぎた」と原因を「外」に求めれば、自分にできることは限られてしまう。

しかし、「自分の話の進め方がよくなかった」「時間に遅れたことで不信感を持たれた」と「内」に求めれば、「話し方の技術を磨こう」とか「時間を守ろう」といった改善点が見えてくる。

同様に企業も業績不振の原因を、**製品の価格や品質、販売方法などの「内」に求めれば改善点が見えてくる。**

トヨタは1950年に倒産の危機に瀕して、社員を多数解雇している。

上手くいかない原因は「外」ではなく「内」に求める

しかし、この時、同業他社が不振の原因を不況に求めたのに対し、トヨタは「つくり過ぎのムダ」に求めることで「トヨタ生産方式」というつくり方の改善を行っている。

日本がオイルショックに見舞われた時も、同業他社はそこに不振の原因を求めたが、トヨタはトヨタ式のさらなる改善に取り組むことで、その後の成長につなげている。

不振や失敗の原因はできるだけ「内」に求める。それが成長と成功への原動力となる。

第61話

トヨタが徹底して貯金にこだわる理由

いつでも「いざという時」を想定しておく

日本の大企業は利益が出ても社員や社会に還元しないし、イノベーションにも投資をしない、とよく言われる。

しかし、トヨタの場合、研究開発などに多額の資金を投入すると同時に、石田退三の時代から意識的に内部留保を貯めようとしていた。

倒産の危機にあったトヨタの社長に就任した石田は「経営者の使命の第一は会社を儲けさせること」と明言、就任時にあった資本金の3倍もの約10億円の借金を返済したばかりか、やがて「トヨタは毎日、運動会をしていても大丈夫」と言うほどの内部留保を積み上げている。

もっともこれは、石田特有の言い回しであり、石田の右腕として経理部門を取り仕切った花井正八（元トヨタ会長）によると、トヨタが目指していたのは「明日すぐに現金化で

儲かった時には内部留保に努めよ！

ヤッター!!
過去
最高益だ!!
「いざという時」を想定しない人
「いざという時」を想定する人
社屋を新しく
しようっと♪
社員旅行は
ハワイに
決定♪
必要な
設備投資を
したら
内部留保に
回そう!

きる2兆円の資金」だった。

自動車業界の国際競争は厳しいものがある。

かつてトヨタの上にはアメリカの巨大自動車メーカーがあり、こうしたメガ企業に勝つためには、いざという時にすぐに使える潤沢な資金が必要であった。

結局、トヨタが内部留保2兆円を達成したのは、第8代社長・奥田碩の時代だが、その後も内部留保の蓄積は続けており、2023年3月期現在、トヨタの内部留保は28兆円にのぼる。

第62話

安易な丸投げをやめる

外注は、まず自社内でできるようになってから

トヨタは内製化にこだわる。

なぜなら、内製化することによって、自社内で開発や改善のスピードアップやコストコントロールが可能になるからだ。

1959年、アメリカで自動車の排ガス規制が強化された時、アメリカのメーカーは規制の先延ばしのために政治力を発揮したのに対し、日本のメーカーは開発に正面から取り組んだ。同業他社の中には外国の技術を買うところもあったが、当時の社長、豊田英二は一貫して「すべての技術は中でやれ」と言い続け、外部への委託を拒否している。

基幹技術を外に頼ってしまうと、いざという時に対応できなくなることと、リスクの高い開発を他社に任せるような無責任なことはしない、という信念からだった。

だからこそ大切な技術は中で開発し、自分たちのものにしてから、協力会社に生産を委

安易な「丸投げ」はムダの温床

託するというのがトヨタの流儀だった。

「中でやれ」は、今もトヨタに受け継がれる伝統だ。ところが、豊田章男の社長時代、間接部門の仕事などを点検したところ、外部への丸投げが多く、ムダなコストも積み上がっていた。丸投げでは相場観も身につかないし、何が良いかの判断も外部任せになる。

そこで、イベントの企画や運営を一旦、中に戻し、自分たちで一からやったうえで外に出すようにした。

「中でやれ」は技術力や企画力を育てることにつながり、かつコストコントロールも可能にする。丸投げは楽ではあっても、大切なものを失うことになるのだ。

第63話

不況を「乗り切る」よりも好況を「切り抜ける」

「運とツキは往々にして人を調子に乗せてしまう」

「不況をどうやって乗り切るか」は誰しも考えることだが、トヨタが長年意識していたのが「好況をいかに切り抜けるか」だった。

そう考えるようになったのは、１９５０年に倒産の危機を迎えて以降である。同年のトヨタの決算は売上高が約20億円に対し、最終損益は７６００万円の赤字だった。

そんな赤字会社の社長を引き受けることになった石田退三だが、就任直後の朝鮮特需により大型トラック１０００台の注文が米軍から舞い込んだ。さらなる注文獲得を目指す石田は神田の木賃宿に泊まり込み、米軍の調達本部に通い詰めることで、合計約５０００台もの注文を獲得している。

さすが「商売道」を自任する石田だが、さらに凄かったのは、特需に浮かれるのではなく、「特需は、しょせん一時的なもの。いずれ反動が来る。目先の好況に目を奪われて、

「好況をいかに切り抜けるか」が大事な理由

やたらと規模を大きくしてはならない」と社内を引き締めたところにある。

「引き締め」といっても、むやみに切り詰めたわけではない。経費節約を徹底しつつ「人を増やさず機械を増やそう」と積極的に設備投資を行い、成長への準備を怠らなかったのだ。

「運とツキは往々にして人を調子に乗せてしまう」は石田の言葉だが、不況を乗り切るのは難しい。

しかし、それ以上に、好況にあって次への備えを怠らないのは難しい。だからこそ、それができて企業は成長し続けることができる。

第64話

ラインは「止まる」のではない。「止める」

ラインを積極的に「止める」と、ムダな出費が減る

トヨタ式の基本は「問題があればラインを止める」にある。地震や水害、大きな事故などでトヨタの工場がストップすると、マスコミが書くのは「トヨタの工場が止まった」だ。

実際にはトヨタは意志を持って「止める」わけだが、一般的には「止める」と「止まる」の違いは分かりにくい。阪神大震災の直後にもトヨタは工場の生産を「止めて」いるが、その理由をトヨタ第5代社長で当時名誉会長だった豊田英二は、こう解説している。

「いつもやっているように生産ラインを『止めて』、問題を修復し、生産を元通りに戻した。止まったんではない、止めたんだ。ここが肝心なんです。部品が来なくなるとか、人が集まらないとか、地震が起きたためにラインが止まるのは、ただ行き当たりばったりでしょう。そういうことではなく、『これはラインを止めるべきだ』と判断して、積

「止まる」と「止める」には雲泥の差がある

極的に止めるのがトヨタの生産方式です」

地震に限らず、台風や事故など、ものが「止まる」のはよくあることだ。そんな時に「部品の在庫があるから」「工場は被害が少ないから」と工場を動かす企業もあるが、その場合、本格始動となった際に「在庫が急増する」などのリスクが生じる。意志を持って「止める」ことをしないと、行き当たりばったりの「止まる」になってしまうのだ。そして、再開も「他力本願」になってしまう。一方、意志を持って「止める」と、その後の復旧に全力で取り組めば、「自力本願」で再開できる。「止まる」と「止める」には大きな違いがある。

第65話

トヨタ式 ツキや運を引き寄せる人の共通点

幸運の女神は前髪しかない。いつでもツキや運を受け取る「準備」をしておく

これまで見てきた通り、1950年頃、トヨタが倒産の危機を乗り越えることができたのは、朝鮮戦争による朝鮮特需が大きかった。そのため、新社長となった石田退三は世間から「幸運児」「あいつはツイている」とやっかみを込めて言われたが、石田自身は注文を取るために陣頭指揮をとっているし、何よりトヨタという会社に「大量注文をさばけるだけの力があった」からこそできたことだ、と話している。

石田によると、「運がいい」「ツキがある」と言ったところで、その人や企業に「運やツキを迎え入れる準備」がなければ活かすのは難しい。トヨタにはその力があったからこそ日産やいすゞといった同業他社をはるかに上回るほどの注文を受け、さばくこともできた。

こうした「備え」の大切さを、トヨタ生産方式の生みの親・大野耐一は「基礎工事」と

「備え」があるからこそ「運」がある

社長！
大量の
受注です!!
「備え」のない企業
「備え」のある企業
せっかくの
チャンスが
我社では
それだけの受注に
対応できない
設備投資をして
備えていたかいが
あったな

呼んでいる。大野は言う。

「我々がやっていた合理化やＩＥ（製造過程の科学的分析）の仕事は地面の下に隠れた基礎工事みたいなもので、日常的には目に見えにくいため、誰もその真価が分からないんです。しかし、その基礎工事をしっかりやっておかないと、建物は砂上の楼閣のようになってしまう」

企業は、しっかりとした「基礎」があって初めて成長できるし、飛躍できる。しかし、順調な時期には、つい派手なことに目が向いて、基礎工事を疎《おろそ》かにしがちである。

運やツキを活かすには、どんな時も「基礎工事」を疎かにしてはならないのだ。

第66話

「変えること」を怖がらない意識をもつ

「3年間、何も変えなければ会社は潰れる」という「健全な危機意識」を持て

トヨタは大企業ではあるが、大企業病に陥《おちい》らないように、常に「変わること」「変えること」を何より大切にしている。

トヨタの元副会長・磯村巌が、かつてこんなことを言っていた。

「変えることのリスクにとらわれて、今まで通りやっておればいいじゃないかとか、失敗したらマイナスになるんじゃないかというんじゃいかん。組織に、変えることをよしとする風土がなければいかんのです」

トヨタがなぜこれほど「変わること」「変えること」にこだわるかというと、原点には1950年の倒産危機がある。この時、責任を取って辞任した創業者の豊田喜一郎は、こんな言葉を口にしている。

「このような一生に一度か二度しか来ないような命取りの時代を乗り切るために、われわれは、日ごろから心がけて長い間かかって準

「変わるリスク」より「変わらないリスク」のほうが大きい

備をしなくてはならない。そして、このような難関を突破してこそ、はじめて会社は順調な時代に大いなる発展ができるのである」

トヨタにとって1950年の倒産の危機は、すべてのことを大きく「変える」きっかけとなった。

つくり過ぎのムダを二度と生まないように「トヨタ式」を徹底し、のちに「トヨタ銀行」と呼ばれるほどの資金の蓄積に勤《いそ》しんでいる。そして、何より大切にしたのが**「変わること」「変えること」が当たり前の企業風土づくり**だった。「3年間、何も変えなければ会社は潰れる」という「健全な危機意識」こそが、トヨタの稼ぐ力の原動力なのである。

第67話

販売にも投資する意識を持つ

5年先、10年先を考えた需要開拓をしなければ、企業は行き詰まる

トヨタというと、トヨタ式に象徴される「つくる力」が知られているが、かつては「販売のトヨタ」と呼ばれるほど圧倒的な「売る力」を誇っていた。そんなトヨタの販売網を築き、売る力を磨き上げたのが「販売の神様」と呼ばれた神谷正太郎である。

神谷は創業者・豊田喜一郎の「日本人の頭と腕で」国産車をつくった創業期のトヨタに入社している。

神谷の功績はいくつもあるが、一つは小型車を得意とするヨーロッパ車がアメリカ市場で急速に増えつつあるのを知り、アメリカへの輸出を行ったことだ。1957年当時、トヨタの「クラウン」はアメリカのハイウェイを走るだけの力は備えておらず、市場では惨敗したが、この時、米国トヨタ自動車販売を設立、のちの輸出のための橋頭堡《きょうとうほ》を築いた。

もう一つの功績は、日本にモータリゼー

車を売るだけが営業ではない

神谷正太郎
自動車が
売れる環境を
整えるんだ!!
自動車学校を
つくろう！
交通安全祈願の
お寺を創建しよう！
整備士学校を
つくろう！
自動車ローンを
取り入れよう！

ションを起こすために積極的な先行投資を行ったことだ。いくら車を売りたくても、免許を持つ人が少なければ車は売れない。神谷は中部日本自動車学校を開設、自動車学校ブームのきっかけをつくり、道路事業や放送・映画産業、自動車保険にも投資、月賦販売も導入している。

トヨタが今ほどの資金を持たなかった時代、周囲からは「無茶だ」と反対もされたが、神谷は5年先、10年先を考えた需要開拓をしなければ、企業は行き詰まるとして、販売面の先行投資を行っている。商社や農協などの他力を頼らず、自力の販売網をつくったことがトヨタの稼ぐ力となった。

第68話

稼ぐ力はトライ&エラーで身につける

本物の技術やノウハウは失敗から生まれる

世の中には新しいものやサービスを一からつくり上げる開拓者と、他者の成功を見て追随する模倣者がいる。たしかに一からつくるよりも模倣するほうがはるかに楽だが、模倣者には超えられない壁もあるようだ。

トヨタには始祖・豊田佐吉の時代から「自分で苦労してやらなければ、技術は身につかない」という矜持《きょうじ》がある。昔、佐吉が創業した自動織機の図面が盗まれたことがある。

本来なら大問題になるところだが、佐吉を初めとする関係者は慌てなかった。

「織機の業界は競争が激しいので、一度製品をつくっても、絶えず改善を重ねないと生き残れない。今と同じものをつくるのなら図面通りにやればできるが、欠点を直したり、より良く改善していくのは、実際にものを一からつくった者や、失敗をした経験がない者には難しい。だから、図面を盗んだ者が同じも

自分で苦労しなければ、技術は身につかない

のをつくったとしても、自分たちはその先に進んでいるから、たいした問題にはならない」

欧米に比べて10年は遅れていると言われた国産自動車の開発に際しても、同業他社が外国メーカーとの提携を選んだのに対し、トヨタは「ノウハウというのは他人から教えてもらうより、自分で身につけたほうが価値がある」という理由で自主開発の道を選んでいる。

今の時代、効率やスピードが重視されるが、本物の技術や本物のノウハウを身につけるためにはトライ&エラーが欠かせない。それが、稼ぐ力につながることになる。

トヨタ
「名補佐役」伝説

うまくいくかいかないか
わからないから開発するんだよ

「大主査」と呼ばれた男

中《なか》村《むら》健《けん》也《や》

(1913～1998)

トヨタが外国メーカーに頼ることなく、自前の技術で開発したのが「クラウン」だ。開発に着手した１９５２年当時、日本の自動車技術の水準は、欧米に比べて１０年以上遅れていた。その差を埋めるために、他の自動車メーカーは欧米の会社と技術提携しているが、トヨタがあえて自主開発を選択したのは、「自分たちで苦労しながら開発するのはカメの歩みに見えるが、技術は着実に向上する」という思いからである。

買った技術は時間短縮になるし、最初は高い評価を得るものの、制約も多く、その後の進歩・改良が遅くなるのに対し、自前の技術はやがて大きなメリットをもたらしてくれる。その最初の車の開発主査に選ばれたのが、のちに「大主査」と呼ばれる中村健也だ。豊田喜一郎の車づくりへの情熱に惹かれてトヨタに入社した中村は、トラックをつくる工場で働きながら、「乗用車の開発に取り組まない会社は、他社の尻についていくしかない」と乗用車の開発を主張。その経歴や言動が豊田英二の目に留まり、選任されている。それでも初めての挑戦におじけづく中村を英二は「びくびくするな。問題が起きれば、わしが乗り出す」と背中を押し続けることで、１９５４年に「クラウン」は完成。現在、クラウンは１６代目となっているが、中村が切り開いた「日本初の技術は、いつもクラウンから搭載される」という伝統は、今も受け継がれている。

第6章

トヨタ式 稼ぐ社員がやっている「投資術」

第69話

本社ビルを建て替えるお金があるなら設備投資に回せ

本社が立派かどうかは、顧客には関係ない

愛知県豊田市にあるトヨタの本社は、今でこそ高層の立派なビルになっているが、何年か前までは、3階建ての決して立派とは言えない建物だった。

なぜなら、創業者である豊田喜一郎が「建物はバラックでもよいから、完全な製作ができる一通りの機械を買い入れることに努力しました。いかに笑われても、不要なところに金を使ったら、いくら金があっても足りません。少しでもムダを省いて、よい機械を買わなくてはなりません」という言葉を遺《のこ》していたからだ。

「顧客のための努力を疎かにしたら、経営はすぐに行き詰まります。オフィス家具の外見は、顧客には何の関係もありません」とは、アマゾンの創業者ジェフ・ベゾスの言葉だが、企業がこだわるのは立派な本社ではなく、顧客のために最高の製品をつくることだ。

顧客と製品＞オフィス

豊田喜一郎
本社は
バラックでもいい！
少しのムダを省いて
よい機械を
買わなくては
なりません
ジェフ・ベゾス
オフィス家具の外見は
顧客には何の関係も
ありません

全くの余談だが、アメリカからトヨタの視察にやってきたＧＭの人たちが目の前にあるトヨタの本社を社員寮と勘違いして「本社ビルはどこだ？」と1時間近く探し回ったという笑い話が残っている。

真偽のほどは確かではないが、当時のトヨタの本社がいかに「世界のトヨタ」とは思えないほど古いものだったかが、よく分かるエピソードである。

第70話

「許されるムダ」と「許されないムダ」

市場予測できない時には、可能性があることすべてを試してみるムダが必要

トヨタ式というと、とことんムダを排除するというイメージがある。

その徹底ぶりは、私たちが「仕事」と思ってやっていることを「正味作業」「付随作業」「ムダ」という3つに分けて、「ムダ」の排除に勤しむところにも表れているが、一方でムダの中にも許容すべきものがあるというのもトヨタ式の考え方だ。

張富士夫がトヨタの社長時代、「先に行ってきっちりやれるためには、あれもやる、これもやるというムダがあってもいい」と言っている。当時、環境にやさしい車の開発でトヨタはハイブリッドシステムで業界をリードしていたが、一方で電気自動車や燃料電池車にも高い将来性があると考えていた。

特に燃料電池車の燃料となる水素を、メタノールからとるのか、ガソリンからとるのかが課題となっていた。こうした場合、多くの

チャレンジはムダではない

企業は決め打ちするが、トヨタは「あれもこれもやろう」と考える。

やるべき技術がそこにあって、市場がどっちに進むか予測できない時には、どちらもやってみる。「あんなものに金を使って」と批判するのではなく、「どちらも徹底的にやれ」というのがトヨタの伝統的考え方だ。

それはムダではなく、何が正しいかを判断するための投資でもある。今必要なものや、すぐに成果の出ないものをすべて「ムダ」のひと言で片づけない。ムダや失敗があるからこそ技術は育ち、本物になるし、企業として成長し続けることができる。

第71話

ムダ金は許さないが、未来への投資は無限大

未来への投資に、お金を惜しんではならない

1950年、トヨタ自動車工業はトヨタ自工とトヨタ自販に分離されているが、両社が合併して再びトヨタ自動車という一つの会社になったのは1982年のことである。この時、メーカーというより商社に近い社風だったトヨタ自販の社員が驚いたのが、トヨタ自工の「たとえ鉛筆一本、消しゴム一つでも使い切る」という、ムダ遣いを嫌う精神だった。

元トヨタ自販の社員が、新会社発足後に総務部でレポート用紙を貰おうとしたところ、「どのくらい必要ですか?」と聞かれ、指2本を立ててみせた。すると渡されたのは2冊ではなく2枚だったという話を聞いたことがある。それほどに、メーカーだったトヨタ自工には「必要なものを必要な時に必要な量だけ」という精神が徹底されていた。

その背景にはトヨタの再建に尽力した石田退三の「ムダ遣いはいかん。たとえ鉛筆一本、

「ムダを許さない」のと「ケチ」は違う

石田退三
ただし
「将来生きる金」は
なんぼでも
使う主義じゃ
「死に金」は
ビタ一文使わん

消しゴム一つでも使い切るのじゃ」という精神が影響しているが、一方こうも言っていた。

「死に金はビタ一文使わん。ただし、将来生きる金はなんぼでも使う主義じゃ」

事実、3カ月に渡るフォードへの研修から帰国した豊田英二が、当時の社長である石田に帰国報告に行ったところ、「英二君、工作機械が欲しかったら、なんぼでも買えばええ」と背中を押しているし、1959年には業界初の乗用車専用工場の元町工場も建設している。世間からは「ケチなトヨタがよくぞ思い切ったものよ」と揶揄《やゆ》されたが、こうした思い切った投資があったからこそ、トヨタはモータリゼーションを起こすことができたのだ。

第72話

「ムダを省く」＝「一度規則を見直してみる」

ムダは形骸化した規則や慣習の陰に潜む

トヨタ式のコンサルタントが、ある企業の工場に行った時の話だ。工場の配管にペンキを塗って、どれが電気の配管で、どれが水の配管かが一目で分かるようにしてあった。

たしかに視認しやすいが、その工場は巨大で、パイプの長さをすべて足したとしたら数10キロにも及ぶ計算になる。

驚いたコンサルタントが「誰がこんなことをやれと言ったのですか？」と尋ねると、「当社の規則で決まっています」という答えが返ってきた。では、その規則がいつできたのかと聞くと、まだ規模も小さく、工場の大きさもさほどではない頃にできた、ということだった。そこで、コンサルタントはトップにこんな提案をした。

「すべての配管にくまなくペンキを塗るのは時間もかかるし、お金もかかるでしょう。代わりに1メートルおきくらいにカラーテープ

規則にとらわれるあまり、大きなムダを見逃していないか

カンペキだ
ムダは
一切ない!!
規則
習慣
ワッ!!
ムダだらけ
ムダ

を巻いたらどうですか」

トップは「なるほど」と頷《うなず》きはしたが、「でも、規則が」と言うので、コンサルタントが「規則は変えればいいじゃないですか」と言うことで、すぐに実行された。

規則や慣習の中にはおかしなものや、今の時代には合わないものも少なくない。

にもかかわらず、「規則だから、慣習だから」と従うようでは、いつまで経ってもムダはムダのままだ。ムダを省くためには「この仕事（規則）は本当に必要か？」という問いかけが欠かせない。

第73話

改善にも「変えていいもの」と「変えてはいけないもの」がある

改善を優先するあまり、セールスポイントまで変えてはいけない

企業が成長を続けていくためには、さまざまなものを時代に合わせて変えていく必要がある。

しかし、その際に気をつけたいのが「変えていいもの」と「変えてはいけないもの」があるということだ。

ある飲食店チェーンが、最も提供している商品の原価低減に取り組んだ時の話だ。

ものの値段がみな上がっていく時代、何もしなければ原価だけが上がり、利益が削られるのは当然だが、その際にトップは「すべてを安く」という指示を出してしまった。

結果、米から素材まですべてを「より安いもの」に変えてしまったため、肝心の「おいしさ」まで低下することになってしまった。

「安かろう悪かろう」は昔の話で、今は「安ければ味やサービスはどうでもいい」というお客様はまずいない。安いけれども味が落ち

「お客様はなぜこの商品を買ってくれるのか」を決して忘れるな

米
RICE
小麦粉
EGG
MILK
OIL
原価が上がっている
なんとかしないと利益が出ない
変えてはいけないものを変えると…
変えるべきものを変えると…
味が落ちたわね
安くても二度と来ないわ
……
あいかわらずおいしいね
また来たいわね
生産者から直接買い付けることで
原価も抑えられて新鮮な食材が手に入るようになったぞ

たために、業績は一気に下降してしまった。

トヨタ式を実践している食品メーカーなどでも、当然のように原価低減は行っているが、その際に注意しているのは、「お客様はなぜこの商品を買ってくれるのか」というセールスポイントだ。

それが「味」であれば、味を変えることなく、いかに原価を下げるかを懸命に考えるほかはない。

コスト低減の大原則、それは「品質の維持向上をしながら原価を下げる」ところにあるのだ。

第74話

道具に合わせるな。自分たちに合った道具をつくれ

既存のものでベストな道具がなければ自分たちでつくる

ある企業が、トヨタ式の生産改革に乗り出した時のことだ。部品や部材であふれかえっていた工場の中の整理整頓が進み、トヨタ式の基本となる「先入れ先出し」を徹底しようとした。

「先入れ先出し」とは、部品や部材のムダを省くには欠かせない仕組みのことで、先に仕入れたものから順番に使うやり方のことだ。

「先入れ先出し」のために、使いやすい整理棚を購入しようとあれこれ探したところ、これというものが見つからなかった。

そこで仕方なしに既製品を購入して無理に使おうとしたところ、トヨタ式のコンサルタントから「道具に合わせるのではなく、自分たちに合った道具をつくればいいじゃないか」と言われた。

たしかにメーカーなら、鉄を切って溶接するくらいは自分たちでできる。以来、同社は

なければ、つくる

整理棚も自分たちでつくり、最終的には生産指示に使うソフトまで専門家の知恵を借りながら、使いやすいものをつくってしまった。多少の手間はかかったものの、結果的に使いやすいものを安くつくることができた。

今の時代、便利な道具がたくさんあり、「こういうものがあれば便利なのに」というものも探せば簡単に見つかるようになった。

しかし、もう一歩進んで、自分が理想とするやり方に合うように道具を加工したり、時に新しい道具つくったりするようにすれば、もっと使いやすく、効率も良くなってくる。知恵を使えば、案外といろんなことができるものだ。

第75話

アイデアがあるなら、まずつくってみよ

あれこれ議論する前に、つくることで良し悪しがわかる

トヨタを代表する高級車「レクサス」。

レクサスの開発の過程では、ライバルであるベンツを走行性能で上回り、かつ人間的な温かみを持つ、従来とはまるで異なる画期的なエンジンの開発が不可欠だった。

初代主査の鈴木一郎がこうしたコンセプトを話したところ、周囲から「絶対に実現不可能」と猛反対された。普通の人なら猛反対を受ければ諦めてしまうところだが、鈴木は自分が求めるエンジンを「1台だけ」つくってくれるように頼んだ。そして「それすらできないなら、諦める」と付け加えた。

量産は無理でも、1台ならつくることができる。生産技術の役員は優秀なエンジニアを集めて鈴木の要求するエンジンをつくり、実際に車に搭載して走らせた。

すると、驚くほど静かで燃費の良い車になり、反対していた誰もが「どうすれば、この

愚痴を言う前にやってみる

エンジンを量産できるのか」へと意識が向かうこととなった。

もしあなたに「素晴らしいアイデア」があり、それを誰も認めてくれないとしても、愚痴を言う前に「つくって」みればいい。

議論だけ、先入観だけで「ノー」を言われたことで莫大なチャンス、価値が消え去っているかもしれないのだ。

アイデアがあれば、まずものをつくってみる。

それは議論の時間、愚痴を言う時間を省き、良いか悪いかをすぐに教えてくれる。

第76話

「可動率」ではなく「稼働率」に目を向けよ

トヨタの「稼働率」に隠された2つの意味とは?

トヨタ式の生産改革によって、リードタイム(注文を受けてからどれくらいの時間で出荷できるか)の大幅な短縮を実現したA社を訪ねた時のことだ。

使われている工作機械の多くは決して最新のものではなく、なかには2代目社長が「おやじの代から使っています」というものもあった。しかし、よく見るといずれの機械にも改善が施され、メンテナンスが徹底されていた。

生産現場ではよく「稼働率」と「可動率」という言葉が使われる。「可動率」とは、機械を動かしたい時にどれくらいすぐに動かせるかを示す値であり、「稼働率」は、一定の時間で何個つくれるかということを示す値だ。しかし、トヨタ式では「どれだけ稼ぐ力を維持しているか」を「稼働率」と言っており、A社の機械は、新しくなくても稼ぐ力の

知恵を使わず、新しいモノに飛びつく会社は儲からない

親父の代から
使っているんですよ
新しい機械の方が
稼働率が
上がりますよ！
メンテナンスと
改善を
重ねれば
余計な出費が
抑えられて
稼働率が
上がるんです

「稼働率」を十分維持していた。

会計上、機械は「償却期間が過ぎたのだから新しいものを買う」ほうが得に見える。

しかし現実には、償却を終えた機械設備を改善して長く使い続けるほうがもっと儲かることになる。

にもかかわらず、「もっと新しいものに変えれば生産性も上がりますよ」と安易に新しいものに飛びつくのは「知恵がない」だけであり、「改善する力がない」ということになる。

だから、時にはつくり過ぎを生む「可働率」よりも「稼ぐ力」のほうの「稼働率」に目を向けたほうがいい。知恵ではなくお金に頼ると、「稼ぐ力」が弱くなるのだ。

第77話

綺麗な職場を維持し続けるコツ

「自分たちの職場は自分たちで守る」という意識づけをする

トヨタ式の生産改革のスタートは「5S」（整理・整頓・清掃・清潔・躾）からだ。必要なものを必要な時に必要なだけ取り出すことができなければ「ものを探すムダ」が生じるし、生産現場にたくさんのものがあり、清掃が行き届かないと、品質や安全にも不安が生まれる。だからこそ、トヨタ式に限らず、企業は「5S」から始めたほうがいい。しかし、問題は5Sできれいになった職場をどうやって維持していくかだ。

企業の中には一旦はきれいになっても、しばらくすると再びものが増え、5Sを行うということを繰り返しているところがあるが、こうしたサイクルそのものがムダである。

そのために必要なのが「自分たちの職場は自分たちで守る」という意識づけだ。

メーカーのA社がトヨタ式をベースとする生産改革を導入した際、同時に始めたのが全

5Sの意識は企業の大きな財産となる

清掃を外部に任せる企業
やってもやってもキリがない
ウワッ はねちゃった
ゴミ箱
自分たちで清掃する企業
ゴミがたまってる片付けよう
ゴミ箱
自分たちでキレイにすると愛着がわくなァ

社員総出の「10分間のビューティータイム」だ。15時になると生産部門も間接部門も社内にいる人みんなが仕事を止めて、ほうきやモップを手に清掃を行う。それを見た取引先の中には「わざわざ生産ラインを止めて清掃をするなんてムダじゃないですか。清掃は外部に任せて、生産したほうが儲かるのでは」と忠告する人もいた。

しかしA社のトップは、決してやめようとはしなかった。役員を含む全社員が清掃に参加することで5Sへの意識が育《はぐく》まれるからだ。自分たちの職場は自分たちで守る。

その意識は品質や安全、改善につながり、やがて企業の大きな財産となる。

第78話

いいと思ったら、とことんやり続けよ

いいと思っても「何十年もやり続ける」企業はほとんどない

トヨタは今や世界一の自動車メーカーであり、日本を代表する高収益企業だ。にもかかわらず、人間の知恵をベースとした「改善活動」に取り組み続けているのはなぜか？

最も大きな理由は「改善によって知恵を出して働く人を育てる」ことだが、もう一つは「いいと思ったことはとことんやり続ける」企業風土にある。

トヨタの改善は、第5代社長・豊田英二が1950年にアメリカで3カ月間学んだフォードの「サゼッションシステム」が基《もと》となっている。英二はフォードの工場のほぼすべてを見て回り、工場での実習も経験したが、その際、社員からの提案によってさまざまな改善が行われる仕組みに関心を持ち、それをトヨタに持ち帰っている。

当時のトヨタにはお金がなく、新しい機械などを入れる余力がなかった。その代わりに

「とことんやり続ける」が稼ぎ続けるコツ

豊田英二
アメリカンフォード「サゼッションシステム」
改　善
提案
提案
提案
提案
フォードを参考に「創意くふう運動」を何十年もやり続けてきたからこそ今のトヨタがあるんだ

「金がかからず知恵を出せばできる」と「創意工夫運動」を開始、それがのちの「改善活動」につながっている。つまり、改善活動もトヨタ式もお金がないからこそ生まれた工夫であり、トヨタ式は「貧乏人の苦肉の策」と呼ぶ人もいる。しかしそれ以上にすごいのは、改善やトヨタ式など、「一旦いいと思ったなら、とことんやり続ける」ところにある。

企業の中には流行の仕組みなど「いい」と思ったら「すぐに取り入れる」ところは多いが、トヨタのように「何十年もやり続ける」ところは、ほとんどない。いいと思ったら、改善しながらやり続ける。それが成長し続ける、稼ぎ続けるコツでもある。

第79話

トヨタが「働く環境」にこだわる理由

リーダーのちょっとしたアイデアで、環境は激変する

業界の海外への生産移管が進み、「このままでは赤字転落必至」となった生産子会社社長Aさんの話だ。

Aさんは、当初、福利厚生費や研修費など経費削減を積極的に行うことを考えていた。しかし、工場を細かく見て回り、社員と話をするうちに、「むしろ働く環境を良くしたほうがいいのでは」と考えるようになった。

とはいえ、使えるお金は限られている。Aさんは社員の休憩室や食堂などの壁紙を張り替えたり、ペンキを塗り替えたりして、少しでも居心地のいいものにした。

また工場の敷地の凸凹の道を修復し、枯干からびていた池に水を張るなど、できる限りの整備を行った。そしてAさん自身、朝と夕方には工場に顔を出して、大きな声で挨拶をしながら歩くようにした。

すると、それをきっかけに大きな変化が訪

社員のモチベーションを疎かにしてはいけない

れた。それまで挨拶もせず、会話もなかった職場に挨拶が定着し、工場の敷地を走る車の運転も優しいものになったのだ。社員の気持ちが変わると、職場は変わる。生産性は上がり、改善の知恵も出るようになった。やがて研修費も出せるようになった。

経営状態が悪化すると真っ先に削られるものの一つに、福利厚生費や研修費がある。分からないでもないが、ただでさえ経営環境が悪い中で働く環境まで悪化すると、モチベーションの低下は避けられない。

知恵を出せば、それを防ぐことができる。リーダーの創意工夫で、お金をかけなくても働く環境を変えることはできるのだ。

第80話

トヨタが設計段階に時間も手間もお金もかけるのはなぜ？

最初に問題点を潰しておけば、後工程はグッと楽になる

「フロントローディング」という考え方がある。設計の早い段階で問題点を潰し、初期段階から品質をつくり込むことだ。品質向上と同時に生産性を上げる効果があり、トヨタも早くからこのやり方に取り組んでいる。

トヨタという企業は始祖の豊田佐吉が「沈《ちん》鬱《うつ》遅《ち》鈍《どん》」という言葉を好んだように、初期の段階で時間も手間もお金もかけて問題点を潰しておけば、その後はスムーズに進むことをよく知っている。だからこそ、設計においてもフロントローディングに取り組む。しかし企業の中には、早く設計を終えて、設計試作に進みたいと考えるところも少なくない。

そうすれば設計から設計試作へのスピードは速まることになるが、現実には問題点が続出してやり直しが多くなる。

結果、問題の解決や設計のやり直しに多くの時間をとられて、開発期間は延びる。その

スピードのコツは、初期段階の手間を惜しまないこと

設計段階
試作・開発段階
手間を惜しまず じっくりやります
TOYOTA
あっそう じゃあお先に
他社
経費
やり直し
問題点
他社
フロントローディングのおかげでスムーズだ
TOYOTA
どうしてこんなことに……

分、お金も手間も余計にかかる。

そうならないためにも前段階に負荷をかけて問題点を洗い出し、リスクも潰しておくほうがいい。

そうすることで後工程がスムーズになり、生産性も上がり、開発期間も短縮できる。

今の時代、スピードはたしかに大切だが、本来やるべきことをやらないままに先を急ぐと、スタートしてから問題が続出、やり直しに時間を取られ、時にお客様の信用を失うことにもなりかねない。

「急がば回れ」ではないが、最初にしっかりと時間をかけることで、最終的には早くゴールできるのだ。

少ない人数でやると、精鋭になるんだ

ものづくり伝道師

林《はやし》 南八《なんはち》

（1943～　　）

トヨタ自動車の歴史上６人しかいない「技監」という職に就いた、まさにトヨタ生産方式のすべてを知り尽くす、ものづくりの伝道師が林南八である。１９８４年にトヨタに入社した豊田章男を上司として指導したほか、章男の社長時代にも取締役、技監として支えている。章男の上司となった当時、林は「君、目いっぱい叱られたことはあるか？」と尋ね、章男が「ありません」と答えると、「それは不幸なことだ。幸せにしてやるから覚悟しとけ」と、たとえ創業家の御曹司であっても厳しく指導したことで知られている。

実際、その指導は厳しいものだったが、章男はのちに、「現地現物の大切さを学ばせていただいた」と振り返っている。その林にトヨタ生産方式を徹底して教え込んだのが大野耐一、鈴村喜久男であり、張富士夫だ。ある日、張から難しい課題を与えられた林はいくら考えても答えが見つからず、「なぜできないのか」を張に説明した。すると、できない理由を並べるだけでは困っている現場を助けることはできないと諭され、「できない言い訳をする頭で、どうすればできるかを考える」大切さを実感している。

トヨタという会社は、このように「人をつくる」ことで、「良きものづくり」を可能にしてきた会社だが、トヨタが今後も強くあり続けるためには、林が章男を指導したように、本物の指導者の存在が必要となる。

第7章

トヨタ式 稼ぐ社員がやっている「恩送り」の法則

第81話

財テクにうつつを抜かした会社の末路

バブル期に本業を疎かにして、金儲けに奔《はし》った会社はどうなったのか

日本がバブル景気に沸《わ》いた1980年代後半から1990年代初頭は多くの企業が業績好調で、儲けたお金を多角化や財テクに振り向けた。なかには本業を上回る利益を財テクで稼ぎ出す企業もあり、そんな経営者がマスコミでもてはやされた。

しかしトヨタは、財テクには目もくれなかった。財務担当役員でのちに社長となる奥田碩は、記者から多角化と財テクについて質問され、こう言っている。

「多角化はともかく、財テクは嫌いだ」

当時、トヨタには2兆円の余裕資金があった。しかしそれを財テクに使おうとしなかったため、「定期預金をしておくだけなんてバカではないか」という批判が向けられた。ところが奥田は、そんな批判をものともせず、こう話している。

「財テクなんかで金を儲けていては、会社の

ものづくりの根幹を忘れると大変なことになる

精神が根本のところから根腐れてしまう。現場が必死になって、一銭一厘のコストダウンの努力をしている時に、財務部門の人間が、相場の上げ下げで、何億円儲けた、何億円損したなんてやっていたら、ものづくりの現場のモラルがダウンしてしまう」

実際、バブル崩壊後、多額の損失を出した企業は、倒産したり、経営危機に陥ったりしている。企業には守るべき価値観や企業文化がある。それらが揺らぐことは、企業としての根幹が揺らぐことでもある。

第82話

コストダウンは命ずるものではなく一緒に考えるもの

協力会社の体力が落ちるのは、トヨタの力が落ちるのと同じ

協力会社の一社が、それまで100円で納めていた部品を50円で納めますとトヨタに提案した時の話だ。トヨタの購買担当が現場に来て、こう逆提案してきた。

「100円のものを50円とおっしゃっていますが、75円にしましょう。コストダウンした50円の半分は我々に、半分は御社ということで、次の改善に使ってください」

企業にとってコストダウンは至上命題の一つである。コストダウンの方法はいくつもあるが、最も簡単なのが部品や部材などを供給してくれる協力会社に仕入れ価格の引き下げを要求することだ。しかし、トヨタは安易にそれをやらない。トヨタと協力会社の関係は「共存共栄」がキーワードだからだ。**仕入れ先との原価のつくり込みによって得られた成果は、トヨタと協力会社でシェアをする。**

1970年代半ば、トヨタが「史上空前の

協力会社に度を超えたコストダウンを要求してはいけない

利益を計上」して、マスコミがそれを囃《はや》し立てたことがある。「利益」ばかりを強調する報道に、当時の社長だった豊田英二はこう反論した。

「私どもの何百社という協力会社から利益を収奪するような、えげつない商売で出した利益じゃありませんよ。取引先の皆さんが儲かっての利益ですからな」

改善抜きの値下げ要求は、単なる利益の収奪になる。そんなことを続けていれば、いずれ協力会社の体力もつくる力も衰えて、それはトヨタの弱さにもつながることになる。どんなに厳しい要求をしても、協力会社の利益を収奪してはならないのが、トヨタなのだ。

第83話

お客様は「神様」ではない

「お客様が求めているから」と安易なものづくりをしてはいけない

日本がバブル景気に沸いた頃、トヨタも車がよく売れ、業績は好調だった。しかし、当時の社長・豊田英二は、「余資運用が注目され、またそれを評価する向きもありますが、このような経済は長続きするわけがありません」と、苦言を呈し続けていた。

とはいえ、車に限らず、メーカーというのはお客様が求めれば、「より高級なもの」「より贅沢なもの」をつくり、提供するものだ。トヨタも高級な車をつくり、内装や設備などより豪華な車をつくった。

結果、コストは上昇し、自ずと価格も上がることになったが、このような傾向を、英二はのちに「お客様の満足がどこにあるのか。そこを間違えて金をかけ過ぎていたに過ぎないのではないか」と振り返り、刀匠二人を例に挙げ、こう述懐している。

「村正は、人を斬るには最高の切れ味の刀を

「本当にお客様のためになるのか」というモノサシを持て

つくった。これに対し正宗は、身を守るに最もすぐれた刀をつくった。昔気質のものづくりは、お客様が求めても、お客様のためにならないものはつくらなかったのである」

大切なのは「本当にお客様のためになるのか」という視点である。

売れるから、お客様が求めているから、だけでものをつくってはいけない。

真にお客様に役立つものをつくる、というのがトヨタの考え方だ。

第84話 トヨタはなぜ税金を払うのが好きなのか？

永続的な成長のためには、納税は不可欠な要素

第8代社長・奥田碩が、経理や財務を担当していた頃の思い出の一つとして、こんな話をしたことがある。

「税金を払うことが好きなんじゃないですか。まだ社長になる前ですが、章一郎さんや英二さんに、何千億、あるいは何兆円という金を借りて土地を買って、借金の利息で利益を消せば、税金を払わないで済みますよ、と言ったことがあるんです。そうしたら、さすがに叱られた。『お前は何てことを言うんだ。うちの会社は税金を払うのが好きなんだ』と。大事なところですよ。私もなるほどと思いましたし、感化を受けました。トヨタの社是に産業報国とあるけれど、そういうことでしょうね。税金を払うのはバカだという会社もあるでしょうが、トヨタの場合、お粥をすすっても税金を払う会社です」

トヨタ中興の祖と呼ばれる石田退三は徹底

税金を払うのは自分たちのため

した倹約家だったが、経営者の役目は「会社を儲けさせ、社会的責任である税金を払い、株主への義務を果たし、社員を幸福にすること」と言い切っていた。

税金というのは個人に限らず、会社にとっても嫌なものだ。世の中には多額の借金をすることで利益を減らしたり、あえて赤字にすることで税金を払わずに済ませる会社もある。

しかし、トヨタは、税金を企業の社会的責任と自覚することも永続的な成長のためには不可欠なことの一つと考える。そこが並の会社と超一流企業の違いである。

第85話

大切なことを教わった人や企業に恩返しをせよ

「自分さえよければ」では、企業は発展しない

トヨタ生産方式の基礎を築いた大野耐一が「トヨタ式」という仕組みを考えるきっかけとなったのは、創業者の豊田喜一郎が発した「3年でアメリカに追いつけ」だった。

当時、戦勝国で自動車大国のアメリカに3年で追いつけるはずがない、とほとんどの人は取り合わなかった。しかし大野は、アメリカと日本の生産性に9倍の差があると知り、「日本人がそれだけムダをやっている」と考え、ムダを省くつくり方を考案するようになった。

以来、トヨタはフォードなどに学び、GMをベンチマークしながら成長していくわけだが、二度のオイルショックを機に、燃費効率の悪いアメリカ車より、燃費効率の良い日本車のほうが評価されるようになっていった。そして、1986年のケンタッキー工場の操業開始にあたり、責任者で愛弟子の張富

かつて先生だったアメリカに恩返しをする

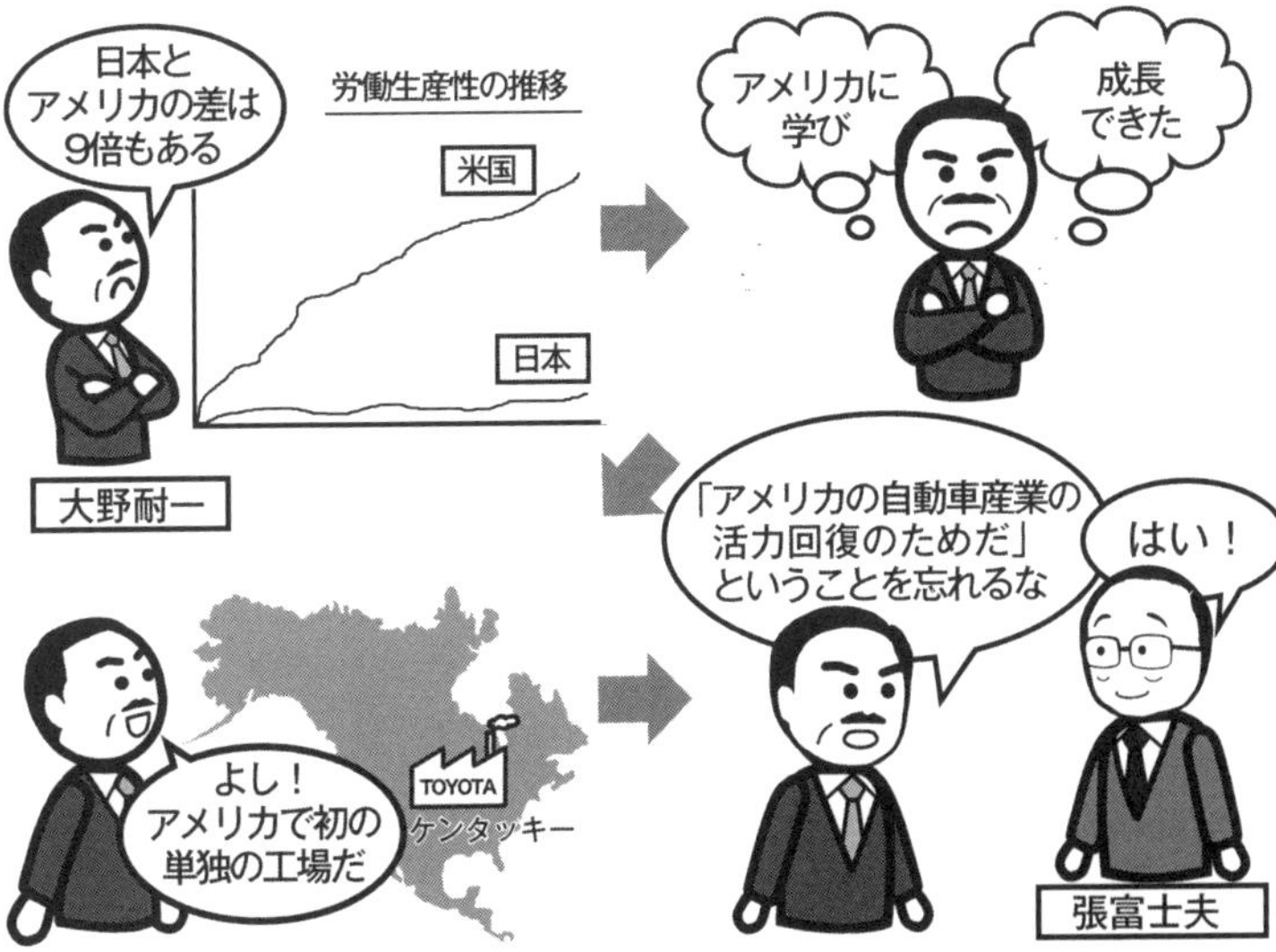

士夫（第9代社長）にこう言った。

「トヨタがケンタッキーに工場進出するのは、トヨタ自社の利益のために出て行くのでなく、アメリカの自動車産業の活力回復のために出てきたのだという気持ちにならんといかんよ」

ケンタッキー工場で、ムダを省いた「いいものを、より早く、より安くつくる」を実践してみせれば、かつて「先生」としてたくさんのことを教えてくれたアメリカ企業への恩返しになるかもしれない、がトヨタの思いである。そしてそれは、「リーン生産方式」として多くのアメリカ企業に影響を与えることになる。

第86話

「たくさん車をつくる」ではなく「いい車をつくる」

トップが「数字」ばかりを重視すると、ものづくりの本質を見失う

アップルの創業者スティーブ・ジョブズが、一旦は追放されたアップルに復帰した時の話だ。

当時のアップルは、倒産か身売りしかないという状況に追い込まれていた。そこからジョブズはｉＰａｄやｉＰｈｏｎｅという世界的大ヒット製品を生み出し、同社を時価総額世界一の企業へと導いた。その過程でジョブズが行ったのが、売上や利益至上主義に走っていたアップルを「世界を変えるほどのすごいものをつくる」という価値観に戻したことだった。

価値観が変わると、すべてが変わることになる。トヨタも同じで、豊田章男が社長に就任した２００９年以前は、生産台数世界一に向けて拡大路線を突き進み、「いい車」よりも「世界一の生産台数」「日本一の高収益」という「数字」にこだわり過ぎたところがあっ

ものづくりの本質を見失っていないか？

た。その結果、世界規模のリコールが吹き荒れ、数字的にも4610億円の営業赤字を記録している。

そこで、章男はトヨタ再生に向けて、アップルがかってそうだったように、「いい車をつくる」という原点回帰をした。

トップが「数字」ばかりを重視すると、ともすれば、企業はものづくりを大切にする価値観が薄れてしまうことになる。

「売上や利益のためにものをつくる」のではなく、まず「いいものをつくる」を大切にする。本当にいいものをつくれば、売上や利益は自ずと後からついてくるのだ。

第87話

アイデアをお金に換える技術

他社より先んじてチャレンジせよ

発明や発見、創意工夫の中で一番大切なのは、「時間」である。いくら良い発明や発見をしても、誰かに先を越されてしまえば、それは発明でも発見でもなくなる。

今でこそ「環境に優しい車」というと電気自動車だが、それ以前はトヨタの「プリウス」だった。プリウスの開発は1995年6月に正式な開発プロジェクトとなり、「今のやり方で21世紀にトヨタは生き残れるのか」という危機感の下、「21世紀の新しい車づくり」を目指してスタートしている。

テーマは「天然資源」と「環境」。電気自動車や燃料電池車などの可能性を探ったうえで「ハイブリッド技術」を採用、「小型で燃費のいい車」づくりを目指すことになった。元々1998年12月に量産開始という計画が立てられていたが、当時社長に就任したばかりの奥田碩が「それでは遅すぎる。1年早め

時は金なり

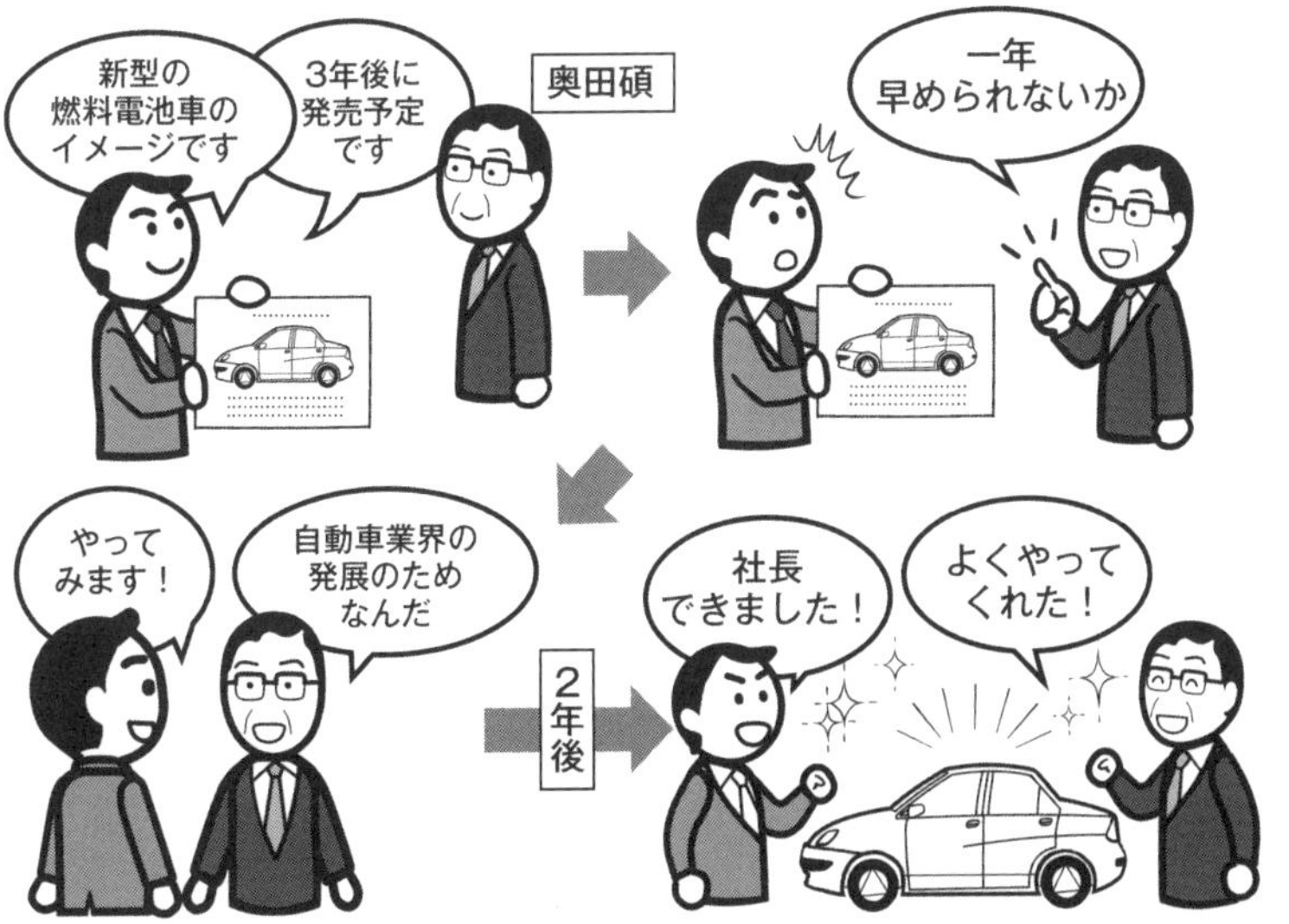

られないか。この車の発売を早めることには大きな意義がある。この車はトヨタの社運だけでなく、自動車業界全体の将来も左右する可能性がある」と発言したことで、1997年12月に前倒しされている。

当時、車業界にとって環境に優しい車づくりは必須のテーマだったが、どの企業も決定打を出せずにいた。だからこそ世界初のハイブリッド車・プリウスは、世界的にヒットし、トヨタのイメージを大きく変えることにもつながった。

他社に先んじて動いたことで、トヨタは企業イメージを高め、結果として世界一の自動車会社への道を歩むこととなる。

第88話

トヨタが、どんなに効率が悪くても全面的な海外生産に踏み切らないわけ

「日本のものづくりと雇用を守る」は、トヨタにとって至上命題

トヨタは、創業者・豊田喜一郎が豊田自動織機製作所内に自動車部を設置したことが始まりである。その喜一郎がこだわったのが、「日本人の頭と腕」で国産自動車をつくることであった。そのため、喜一郎が模索したのが「日本の土壌を踏まえた日本式の製造方法」だ。

その思いはやがて「トヨタ生産方式」として結実、トヨタは世界一の自動車メーカーへと成長することになるが、その後も多くの日本企業が海外へ生産移管を進める中、トヨタは「日本のものづくりと雇用を守る」を大切にし続けている。そして創業者の思いを受け継ぐ第11代社長・豊田章男も、社長就任時からこう言い続けている。

「うちはなんだかんだ言って、国内生産300万台はがんばりますよ。仮に100万台海外に持って行くと、22万人の雇用が失わ

「日本のものづくりと雇用を守る」のがトヨタ

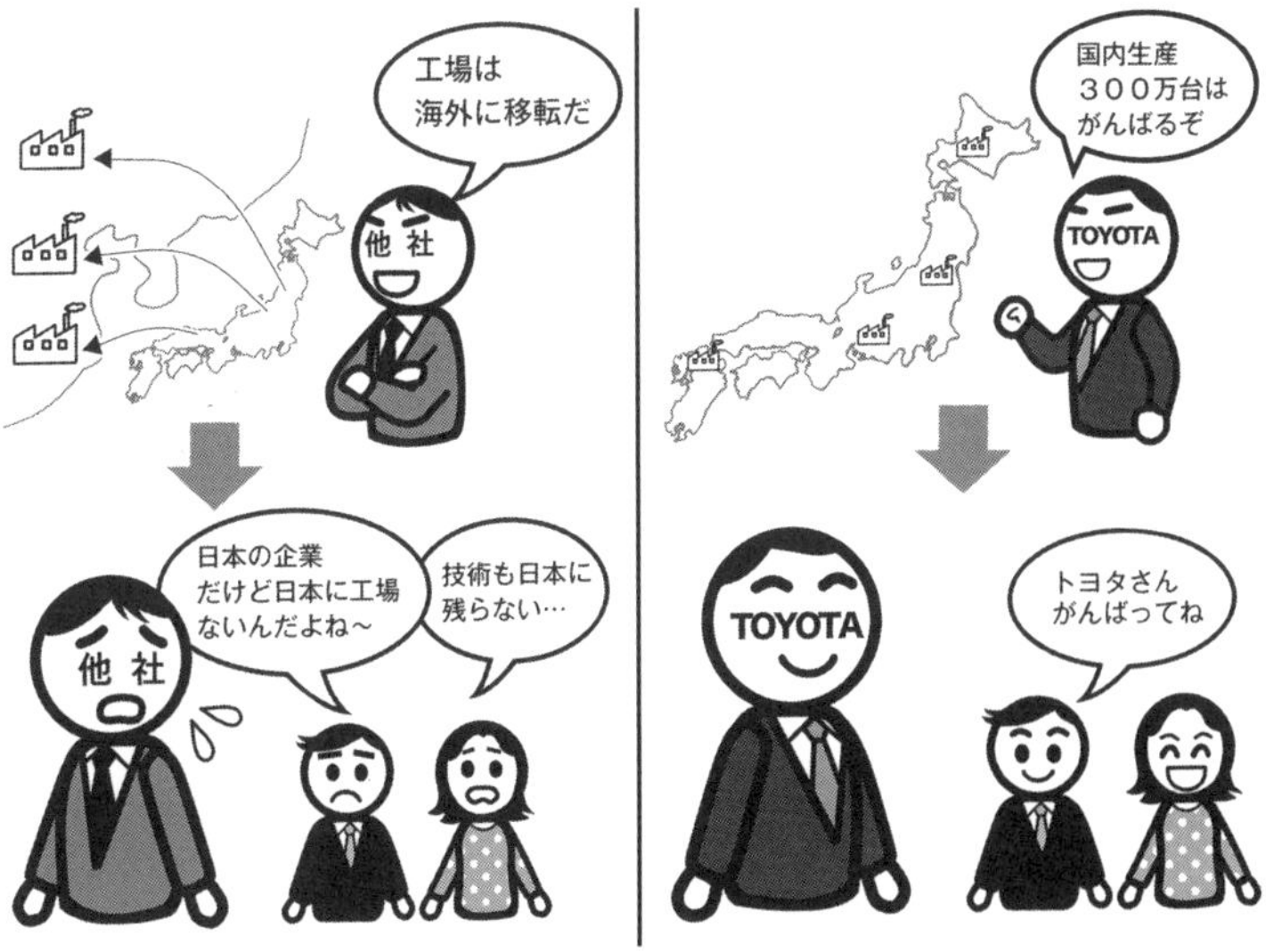

れる。ただ、経済記事というのは、リストラすると褒《ほ》められる。海外移転すると称賛される。本当に国内を支えようという人が責められるから、よっぽど胆力がないと、外に出したくなりますって。国のことを思い、日本のことを思い、みんなのことを思い、がんばっている企業、個人、こういう人たちが報われないと、モラルハザードを起こします」

企業はたとえ国内に本社を置き続けても、肝心の生産拠点を海外に移転すれば、日本に雇用も技術も残らないことになる。

だからこそ「日本のものづくりと雇用を守る」は、トヨタにとって決して諦めるわけにはいかない使命なのである。

第89話 トヨタとバフェットに共通する「社徳」という考え方

人に「人徳」があるように、会社にも「社徳」がある

「世界一の投資家」と呼ばれるウォーレン・バフェットは、幼い頃からお金持ちになりたいと願い、早くから投資に取り組んでいるが、一方でお金持ちになるためにはあることが必要だと考えていた。こう話している。

「ねたみを避ける最良の方法は、成功に値する人間になること」

世の中には成功しても、いけすかない人物として忌《い》み嫌われる人がいる。だから本当に成功したければ、早くから良き習慣を身につけ、学び続け、正しい努力を続けること。それが結果的に真の成功につながるというのがバフェットの考え方だった。

トヨタの元社長の奥田碩も、似たようなことを話していた。

「私が考えているのは、売上も非常に巨大になって、利益も1兆円ぐらい上げられるという企業ですね。そしてなおかつ、世間の尊敬

真に成功する会社はねたまれない

とか、模範にされるとか、そういう企業をつくり上げられればいいなと思います。世の中の役に立っている企業であれば、いくら巨大になってもいろいろなことは言われないと思いますからね。やはり、『社徳』があるような会社になれればいいなと思います」

奥田はかつてサムスンの総帥イ・ゴンヒから「トヨタのように長期的に高収益を維持するためには」と聞かれ、「社会貢献に積極的に取り組まない企業は永続できない」と答えている。

やはり、企業の長期的成長には「社徳」が欠かせない。

第90話

トヨタ式 人の信頼を勝ち取る方法

「仲間うち」で固まらず「地域の人たち」と裸の付き合いをする

1987年、トヨタは初めて北米に単独進出、ケンタッキー工場を稼働させた話は何度かしてきたが、当時の社長・豊田章一郎は赴任する社員たちにこう話している。

「日本人は群れるから評判が悪い。君ら出向者はバラバラに住んでくれ」

トヨタに限らず、海外に赴任した日本人は、とかく日本人同士で集まる傾向がある。しかし、それでは地域の人との付き合いもできないし、地元民の信頼も得られない。

元社長の奥田碩は、入社18年目から7年間をフィリピンのマニラで過ごしているが、当時、重要な情報は現場にしかないという考えのもと、必要とあれば現地の誰とでも会った。その結果「ミスター情報」と称されるほどの人脈を築き上げている。

ある時、一橋大学の後輩がマニラで大学のOB会を設立しようと奥田に相談したとこ

ムダに群れないことが信頼獲得の第一歩

ろ、奥田は「そんな暇があるならフィリピン人と付き合え」と一喝したほどだった。

さて、ケンタッキー工場に赴任した人たちも離れて暮らしながら、それぞれが地域のイベントやボランティアに参加、地元の信頼を獲得している。

最初は警戒していた地元民も、やがて工場の近くに住むようになり、子どもも産むようになった。理由は「トヨタを信頼できるようになった」からだ。

世界のどの国でも「良き企業市民」であることが、信頼できる企業づくりには欠かせないのだ。

第91話

「ムダ」の捉え方で会社と未来は大きく変わる

「何がムダか」によって目指す「ゴール」も変わる

自動車業界を取り巻く環境は、この十数年で激変している。特に「自動運転」の技術は世界中で開発競争が進んでおり、ライバルはテスラなど自動車メーカーだけではない。

グーグル系の自動運転技術開発会社ウェイモは2018年末には、運転席に人が座るという条件付きながら、自動運転タクシーを実用化している。

もっとも、最近ではウェイモの自動運転ロボタクシーが事故を起こしたことで、同社のタクシーを市民が破壊するという事件も起きるなど、自動運転の安全性に対する懸念が生じているのも事実である。

ただ、こうした自動運転の未来に対し、トヨタと欧米系の自動車会社では実現させる目的が大きく異なる。

たとえば、グーグルやテスラはどちらかと言えば、「人間から運転というムダを省き、

同じ目的でも、こんなに違う

欧米人の考え
トヨタの考え
運転
時間がムダ
運転中
別のことが
したい
交通事故
なくそう
死傷者
ゼロの社会を
つくりたい

より生産的なことができるようにする」であるのに対し、**トヨタは「交通事故死傷者ゼロの社会をつくる」にある**のだ。

自動車はたしかに人々の生活を便利にしたし、社会の発展に多大な貢献をしたが、一方で交通事故によるたくさんの死傷者がいるのも事実である。

だからこそ、トヨタにとっては「死傷者ゼロ」が重要なのに対し、グーグルやテスラは人の運転そのものを「ムダ」と見る。

自動運転は誰もが夢見る世界だが、「何がムダか」によって目指す「ゴール」が違うという難しさの中で、トヨタは戦っているのだ。

桑原晃弥（くわばら　てるや）

1956年、広島県生まれ。経済・経営ジャーナリスト。慶應義塾大学卒。業界紙記者などを経てフリージャーナリストとして独立。トヨタ式の普及で有名な若松義人氏の会社の顧問として、トヨタ式の実践現場や、大野耐一氏直系のトヨタマンを幅広く取材、トヨタ式の書籍やテキストなどの制作を主導した。一方でスティーブ・ジョブズやジェフ・ベゾスなどのＩＴ企業の創業者や、本田宗一郎、松下幸之助など成功した起業家の研究をライフワークとし、人材育成から成功法まで鋭い発信を続けている。著書に、『スティーブ·ジョブズ名語録』（ＰＨＰ研究所）、『スティーブ·ジョブズ結果に革命を起こす神のスピード仕事術』『トヨタ式「すぐやる人」になれる８つのすごい！仕事術』『松下幸之助「困難を乗り越えるリーダー」になれる７つのすごい！習慣』（以上、笠倉出版社）、『ウォーレン・バフェット巨富を生み出す７つの法則』（朝日新聞出版）、『トヨタ式 5W1H 思考』（KADOKAWA）、『１分間アドラー』（ＳＢクリエイティブ）、『amazonの哲学』『トヨタは、どう勝ち残るのか』（以上、大和文庫）、『運を逃さない力』（すばる舎）などがある。

イラスト／タナカクミ

トヨタ式　稼ぐ社員がやっている すごい！　７つの仕事術

2024年6月11日　第1刷発行

著　者　桑原晃弥
© Teruya　Kuwabara 2024

発行人　岩尾悟志
発行所　株式会社かや書房
〒162-0805
東京都新宿区矢来町113　神楽坂升本ビル３Ｆ
電話　03-5225-3732（営業部）

印刷・製本　中央精版印刷株式会社

落丁・乱丁本はお取り替えいたします。
本書の無断複写は著作権法上での例外を除き禁じられています。
また、私的使用以外のいかなる電子的複製行為も一切認められておりません。
定価はカバーに表示してあります。
Printed in Japan
ISBN 978-4-910364-40-7　C0036